科学出版社“十四五”普通高等教育本科规划教材

中法工程师学院预科教学丛书（中文版）

丛书主编：王彪 〔法〕德麦赛（Jean-Marie BOURGEOIS-DEMERSAY）

大学数学入门 1

Cours de mathématiques élémentaires 1

戚晓霞　张留伟 〔法〕亚历山大·格维尔茨（Alexander GEWIRTZ） 著

科学出版社

北京

内 容 简 介

本书是中山大学中法核工程与技术学院一年级第一学期的数学教材，包括以下主要内容：微积分初步、常用函数、复数、常微分方程. 本书侧重于微积分基本理论的应用，使读者能够快速掌握一年级理工类相关专业课程所需的数学知识和计算技巧.

本书可作为中法合作办学单位的预科数学教材，也可作为理工科院校相关专业数学类课程的参考教材.

图书在版编目(CIP)数据

大学数学入门. 1/戚晓霞，张留伟，（法）亚历山大·格维尔茨著. —北京：科学出版社，2021.6

（中法工程师学院预科教学丛书：中文版/王彪等主编）

ISBN 978-7-03-069183-5

Ⅰ. ①大… Ⅱ. ①戚… ②张… ③亚… Ⅲ. ①高等数学-高等学校-教材 Ⅳ. ①O13

中国版本图书馆 CIP 数据核字(2021)第 111755 号

责任编辑：罗 吉 王 静 李香叶／责任校对：杨聪敏

责任印制：张 伟／封面设计：蓝正设计

科学出版社 出版

北京东黄城根北街 16 号

邮政编码：100717

http://www.sciencep.com

北京九州迅驰传媒文化有限公司 印刷

科学出版社发行 各地新华书店经销

*

2021 年 6 月第 一 版 开本：787×1092 1/16

2022 年 1 月第二次印刷 印张：9 1/2

字数：225 000

定价：35.00 元

(如有印装质量问题，我社负责调换)

序

高素质的工程技术人才是保证我国从工业大国向工业强国成功转变的关键因素. 高质量地培养基础知识扎实、创新能力强、熟悉我国国情并且熟悉国际合作和竞争规则的高端工程技术人才是我国高等工科教育的核心任务. 国家长期发展规划要求突出培养创新型科技人才和大力培养经济社会发展重点领域急需的紧缺专门人才.

核电是重要的绿色清洁能源，在中国已经进入快速发展期，掌握和创新核电核心技术是我国核电获得长期健康发展的基础. 中山大学地处我国的核电大省——广东，针对我国高素质的核电工程技术人才强烈需求，在教育部和法国相关政府部门的支持和推动下，2009 年与法国民用核能工程师教学联盟共建了中法核工程与技术学院（Institut Franco-Chinois de l'Energie Nucléaire），培养能参与国际合作和竞争的核电高级工程技术人才和管理人才. 教学体系完整引进法国核能工程师培养课程体系和培养经验，其目标不仅是把学生培养成优秀的工程师，而且要把学生培养成行业的领袖. 其教学特点表现为注重扎实的数理基础学习和全面的专业知识学习；注重实践应用和企业实习以及注重人文、法律、经济、管理、交流等综合素质的培养.

法国工程师精英培养模式起源于 18 世纪，不仅在法国也在国际上享有盛誉. 中山大学中法核工程与技术学院借鉴法国的培养模式，根据教学的特点将 6 年的本硕连读学制划分为预科教学和工程师教学两个阶段. 预科教学阶段专注于数学、物理、化学、语言和人文课程的教学，工程师阶段专注于专业课程、项目管理课程的教学和以学生为主的实践和实习活动. 法国预科阶段的数学、物理等基础课程的教学体系和我国相应的工科基础课程的教学体系有较大的不同. 前者覆盖面更广，比如数学教材不仅包括高等数学、线性代数等基本知识，还包括复变函数基础、泛函分析基础、拓扑学基础、代数结构基础等. 同时更注重于知识的逻辑性（比如小数次幂的含义）和证明的规范性，以利于学生深入理解后能充分保有基础创新潜力.

为更广泛地借鉴法国预科教育的优点和广泛传播这种教育模式，把探索实践过程中取得的成功经验和优质课程资源与国内外高校分享，促进我国高等教育基础学科教学的改革，我们在教育部、广东省教育厅和学校的支持下，前期组织出版了这套预科基础课教材的法文版，包含数学、物理和化学三门课程多个阶段的学习内容. 教材的编排设计富有特色，采用了逐步深入的知识体系构建方式，既可作为中法合作办学单位的专业教材，也适合其他相关专业作为参考教材. 法文版教材出版后，受到国内工科院校师生的广泛关注和积极评价，为进一步推广精英工程师培养体系的本土化，我们推出教材的中文译本，相信这会更有益于课程资源的分享和教学经验的交流.

我们衷心希望，本套教材能为我国高素质工程师的教育和培养做出贡献!

中方原院长 王彪

法方院长 Jean-Marie BOURGEOIS-DEMERSAY（德麦赛）

中山大学中法核工程与技术学院

2021 年 3 月

前　言

本丛书出版的初衷是为中山大学中法核工程与技术学院的学生编写一套合适的教材. 中法核工程与技术学院位于中山大学珠海校区. 该学院用六年时间培养通晓中英法三种语言的核能工程师. 该培养体系的第一阶段持续三年，对应着法国大学的预科阶段，主要用法语教学，为学生打下扎实的数学、物理和化学知识基础；第二阶段为工程师阶段，学生将学习涉核的专业知识，并在以下关键领域进行深入研究：反应堆安全、设计与开发、核材料以及燃料循环.

本丛书数学部分分为以下几册，每册书介绍了一个学期的数学课程：

– 大学数学入门 1

– 大学数学入门 2

– 大学数学基础 1

– 大学数学基础 2

– 大学数学进阶 1

– 大学数学进阶 2

每册书均附有相应的练习册及答案. 练习的难度各异，其中部分摘选自中法核工程与技术学院的学生考试题目.

在中法核工程与技术学院讲授的科学课程内容与法国预科阶段的课程内容几乎完全一致. 数学课程的内容是在法国教育部总督导 Charles TOROSSIAN 及曾任总督导 Jacques MOISAN 的指导下，根据中法核工程与技术学院学生的需求进行编写的. 因此，本丛书中的某些书可能包含几章在法国不会被学习的内容. 反之亦然，在法国一般会被学习的部分章节在该丛书中不会涉及，即使有，难度也会有所降低.

为了让学生在学习过程中更加积极主动，本书的课程内容安排与其他教材不同：书中设计了一系列问题. 与课程内容相关的应用练习题有助于学生自行检查是否已掌握新学的公式和概念. 另外，书中提供的论证过程非常详细完整，有助于学生更好地学习和理解论证过程及其逻辑. 再者，书中常提供的方法小结有助于学生在学习过程中做总结. 最后，每章书的附录还提供了一些不要求学生掌握的定理的证明过程，供希望加深对数学知识了解的学生使用.

本丛书是为预科阶段循序渐进的持续学习过程而设计的. 譬如，曾在“大学数学入门”课程中介绍过的基础概念，在后续的“大学数学基础”或“大学数学进阶”的课程重新出现时会被给予进一步深入的讲解. 最后值得指出的是，丛书的数学课程内容安排是和丛书的物理、化学的课程内容安排紧密联系的. 学生可以利用已学到的数学工具解决物理问题，如微分方程、微分算法、偏微分方程或极限展开.

得益于中法核工程与技术学院学生和老师的意见与建议，本丛书一直在不断地改进中. 我的同事 Alexis GRYSON 和程思睿博士仔细地核读了本书的原稿. 同时，本书的成功出版离不开中法核工程与技术学院的两位院长王彪教授（长江特聘教授、国家杰出青年基金获得者）和 Jean-Marie BOURGEOIS-DEMERSAY 先生（法国矿业团首席工程师）一直以来的鼓励与大力支持. 请允许我对上述同事及领导表示最诚挚的谢意!

最后，我本人要特别感谢 Francois BOISSON. 没有他，我将永远不可能成为数学老师.

Alexander GEWIRTZ
（亚历山大・格维尔茨）

博士，法国里昂（Lyon）高等师范学校的毕业生，
通过（法国）会考取得教师职衔的预科阶段数学老师

作者的话

本书主要介绍微积分基本知识, 具体内容如下: 第 1 章介绍微积分的基本方法, 如极限、导数、积分等; 第 2 章介绍常用函数, 以及利用第 1 章的方法来研究函数的性质; 第 3 章介绍有关复数的基本知识, 特别是如何求一个复数的 n 次根以及如何求解二次复系数方程; 第 4 章介绍常微分方程, 重点介绍一阶线性微分方程和二阶线性常系数微分方程.

本书的主要特色有以下几点：第一, 作为大学数学的入门教材, 我们特别考虑与中学数学的衔接, 因此我们以描述性的极限定义开篇, 使初学者通过熟悉的函数变化规律, 轻松理解极限的思想, 进而通过极限运算的各种规则掌握研究函数极限的一般方法; 第二, 为配合一年级新生专业课程对数学基础的需求, 本书侧重于一元微积分等理论的应用, 而将较抽象的基础理论的建立放在第二学期及后续的课程中学习; 第三, 在语言表达方面, 我们力求用词规范、逻辑严谨, 记号的使用科学合理.

本书源于中山大学中法核工程与技术学院预科第一学期的自编数学讲义, 由于面对的读者是大学一年级新生, 因此本书没有对应的法文版教程. 本书的最原始讲稿内容来自预科数学教学负责人 Alexander GEWIRTZ 老师自编的英文讲义, 主要面向没有法语基础的大学一年级新生. 为了满足学生使用方便以及本土化的需求, 张留伟老师将英文讲义翻译成中文. 在讲义翻译和编写的过程中, 他根据实际教学的经验去掉了部分抽象的内容, 并结合大学一年级新生的知识基础重新编写了微积分初步的内容, 张留伟老师为本书做出了重要的贡献. 自 2010 年以来, 本书经过了中山大学中法核工程与技术学院数学教研室全体数学教师十年来在教学实践中不断磨炼、调整、修改, 终于成书, 它是我们数学教研室集体智慧的结晶. 在这十年来的教学实践中, 该讲义经过多次的修改后不断趋于完善. 例如, 原本的讲义是从数列的极限讲起的, 但考虑到与后续课程的衔接以及第一学期主要侧重于对函数的研究, 因此我们去掉了数列极限的内容, 而数列将会在《大学数学基础》中定义为从自然数集到实数集 (或复数集) 的映射, 从而在更一般的极限理论框架下给出数列极限的理论. 再如, 在复数一章中, 我们去掉了相关抽象代数的证明, 并在本书编写时将复指数函数的运算性质和实变量复值函数的内容整合到这一章中, 使得该章的内容与微分方程一章的衔接更加紧密. 在本书编写时, 我们还补充了大量的证明和例题的详细解答. 诸多的推敲与构思此处不一一赘述.

在讲义的使用过程中, 程思睿、徐帅侠、詹国平等几位老师在内容调整和语言表达方面都做出很多贡献. 关春霞、刘立汉、李亮亮、曾祥能等老师结合自己的教学实践为本书提出过诸多的宝贵意见. 中法核工程与技术学院历届同学们的意见反馈也促进了本书的不断改善. 本书的整理及出版离不开学院的大力支持. 在此向我们的学生、同事和领导表示最衷心的感谢!

由于作者水平有限, 书中难免存在疏漏和不妥之处, 还望广大同行和读者不吝指教, 以便今后修正.

作　者

2020 年 9 月

目　　录

第 1 章　微积分初步

在物理世界中运动无处不在, 而运动往往是通过量与量之间的依赖关系来刻画的. 这种变量之间的依赖关系就是数学中所谓的“函数”, 它是微积分研究的基本对象. 而极限方法是研究函数的一种基本方法, 也是微积分的理论基础.

声明　本章仅给出极限的描述性定义. 其严格的形式定义将在《大学数学基础》中讲述, 在此之前, 本章所给出的极限、连续、导数、积分等基本理论暂时无法给出证明, 因此我们先承认它们. 本章旨在使读者学会如何运用这些理论来解决微积分相关的问题, 而这些理论的证明我们将在《大学数学基础》中给出.

1.1　函数的极限

1.1.1　函数极限的描述性定义

函数的极限可以分为两种情形 : ① 自变量趋于有限数时函数的极限; ② 自变量趋于无穷大(又分为正无穷大和负无穷大)时函数的极限. 下面给出它们各自的描述性定义.

定义 1.1.1　设函数 f 在 $a \in \mathbb{R}$ 附近有定义(可能在 a 处没有定义).

(i) 如果存在常数 $l \in \mathbb{R}$, 使得当 x 无限接近于 a 时, 函数值 $f(x)$ 无限接近于 l (即 $|f(x)-l|$ 无限接近于 0), 则称函数 f 在 a 处*存在有限的极限*(或说*极限存在且有限*). l 叫做函数 f 在 a 处的极限, 记作 $\lim\limits_{x\to a} f(x) = l$.

(ii) 如果当 x 无限接近于 a 时, 函数值 $f(x)$ 可以大于任何给定的(正)实数, 则称 f 在 a 处的*极限为正无穷*, 记为 $\lim\limits_{x\to a} f(x) = +\infty$.

(iii) 如果当 x 无限接近于 a 时, 函数值 $f(x)$ 可以小于任何给定的(负)实数, 则称 f 在 a 处的*极限为负无穷*, 记为 $\lim\limits_{x\to a} f(x) = -\infty$.

注:　点 a 的“附近”一般是指包含 a 的某个开区间, 有时可能不包含 a.

例 1.1.1　从函数 $f: x \mapsto x^2$ 的图像可以看出: $\lim\limits_{x\to 1} x^2 = 1$ (图1.1).

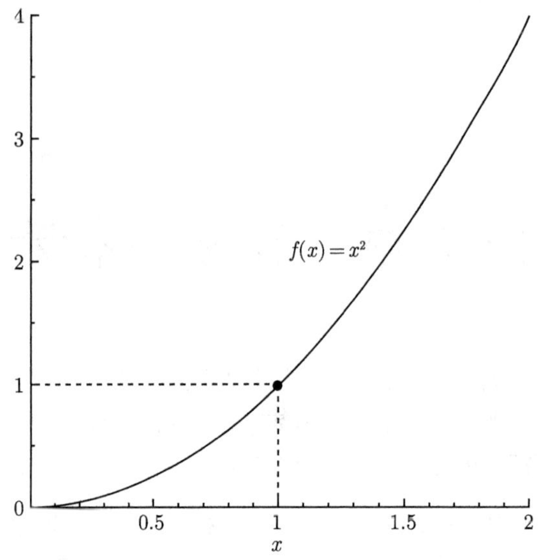

图 1.1　函数 $f: x \mapsto x^2$ 在 $[0,2]$ 上的图像

例 1.1.2　不难看出: $\lim\limits_{x\to 1}(2x)=2$;　$\lim\limits_{x\to 0}(x+1)=1$;　$\lim\limits_{x\to 0}\dfrac{1}{x^2}=+\infty$.

定义 1.1.2　设 $c\in\mathbb{R}$, 函数 f 在区间 $(c,+\infty)$ (或 $(-\infty,c)$) 上有定义.

(i) 如果存在常数 $l\in\mathbb{R}$, 使得当 x 趋于正无穷 $+\infty$(或负无穷 $-\infty$)时, 函数值 $f(x)$ 无限接近于 l (即 $|f(x)-l|$ 无限接近于 0), 则称函数 f 在 $+\infty$(或 $-\infty$) 处*存在有限的极限* (或说*极限存在且有限*). l 叫做函数 f 在 $+\infty$ (或 $-\infty$) 处的极限, 记作

$$\lim_{x\to+\infty} f(x)=l \quad (\text{或} \lim_{x\to-\infty} f(x)=l).$$

(ii) 如果当 x 趋于正无穷 $+\infty$(或负无穷 $-\infty$)时, 函数值 $f(x)$ 可以大于任何给定的(正)实数, 则称 f 在 $+\infty$ (或 $-\infty$) 处的*极限为正无穷*, 记为

$$\lim_{x\to+\infty} f(x)=+\infty \quad (\text{或} \lim_{x\to-\infty} f(x)=+\infty).$$

(iii) 如果当 x 趋于正无穷 $+\infty$(或负无穷 $-\infty$)时, 函数值 $f(x)$ 可以小于任何给定的(负)实数, 则称 f 在 $+\infty$ (或 $-\infty$) 处的*极限为负无穷*, 记为

$$\lim_{x\to+\infty} f(x)=-\infty \quad (\text{或} \lim_{x\to-\infty} f(x)=-\infty).$$

注:　$+\infty$ 和 $-\infty$ 只是表示数值变化趋势的符号, 并不是实数, 即 $+\infty\notin\mathbb{R}$, $-\infty\notin\mathbb{R}$!
但是, 对于任意实数 x, 我们有 $-\infty<x<+\infty$.

例 1.1.3 $\lim\limits_{x\to+\infty}\dfrac{1}{x^2}=0,\ \lim\limits_{x\to-\infty}\dfrac{1}{x^2}=0.$

例 1.1.4 $\lim\limits_{x\to+\infty}x^3=+\infty,\ \lim\limits_{x\to-\infty}x^2=+\infty,\ \lim\limits_{x\to-\infty}x^3=-\infty.$

在定义1.1.1中, 并没有指出 x 是以何种方式趋于 a 的. 我们可以考虑 x 仅从 a 的左侧趋于 a (即 $x<a$ 且 $x\to a$)的情形, 或仅从 a 的右侧趋于 a (即 $x>a$ 且 $x\to a$)的情形.

记号 $\overline{\mathbb{R}}:=\mathbb{R}\cup\{+\infty,-\infty\}$.

定义 1.1.3 设 $a\in\mathbb{R}$. 我们称 $l\in\overline{\mathbb{R}}$ 是 f 在 a 处的

(i) *左极限*: 如果 f 在 a 的左侧附近有定义, 且当 x 从 a 的左侧趋于 a 但 $x\neq a$ 时, 函数值 $f(x)$ 无限接近于 l, 记作 $\lim\limits_{\substack{x\to a\\x<a}}f(x)=l$.

(ii) *右极限*: 如果 f 在 a 的右侧附近有定义, 且当 x 从 a 的右侧趋于 a 但 $x\neq a$ 时, 函数值 $f(x)$ 无限接近于 l, 记作 $\lim\limits_{\substack{x\to a\\x>a}}f(x)=l$.

注: 当 $l=+\infty$ 时, 函数值无限接近于 l 是指函数值可以大于任何给定的(正)实数;
当 $l=-\infty$ 时, 函数值无限接近于 l 是指函数值可以小于任何给定的(负)实数.

下面的*极限存在定理*给出了一个函数在一点处极限存在的充要条件.

定理 1.1.4 设 f 在 $a\in\mathbb{R}$ 左右两侧附近均有定义. 记 $\mathcal{D}_f$ 为 f 的定义域.

— 情形 1 : $a\in\mathcal{D}_f$

此时, $\lim\limits_{x\to a}f(x)$ 存在当且仅当 f 在 a 处左、右极限存在且都与函数值 $f(a)$ 相等. 若 f 在 a 处极限存在, 则

$$\lim_{x\to a}f(x)=\lim_{\substack{x\to a\\x<a}}f(x)=\lim_{\substack{x\to a\\x>a}}f(x)=f(a).$$

— 情形 2 : $a\notin\mathcal{D}_f$

此时, $\lim\limits_{x\to a}f(x)$ 存在当且仅当 f 在 a 处左、右极限存在且相等.
若 f 在 a 处极限存在, 则

$$\lim_{x\to a}f(x)=\lim_{\substack{x\to a\\x<a}}f(x)=\lim_{\substack{x\to a\\x>a}}f(x).$$

例 1.1.5 $\lim\limits_{\substack{x\to0\\x<0}}\dfrac{1}{x}=-\infty,\ \lim\limits_{\substack{x\to0\\x>0}}\dfrac{1}{x}=+\infty.$ 因此 $x\mapsto\dfrac{1}{x}$ 在 0 处极限不存在.

例 1.1.6　定义函数 f 满足: $\forall x \in \mathbb{R}$, $f(x) = \begin{cases} 0, & x < 1, \\ \dfrac{1}{2}, & x = 1, \\ 1, & x > 1. \end{cases}$ 我们有

$$\lim_{\substack{x \to 1 \\ x < 1}} f(x) = 0, \quad \lim_{\substack{x \to 1 \\ x > 1}} f(x) = 1.$$

由于左、右极限不相等, 根据极限存在定理, f 在 1 处极限不存在.

例 1.1.7　设 $f: x \mapsto \dfrac{x}{x}$, $g: x \mapsto \dfrac{|x|}{x}$. 判断 f 和 g 在 0 处的极限是否存在. 若存在, 求出极限值.

解: 首先, $\mathcal{D}_f = \mathcal{D}_g = \mathbb{R}^* = \mathbb{R} \setminus \{0\}$.

对于 $x \in \mathbb{R}^*$, $f(x) = \dfrac{x}{x} = 1$. 所以 $\lim\limits_{\substack{x \to 0 \\ x < 0}} f(x) = 1 = \lim\limits_{\substack{x \to 0 \\ x > 0}} f(x)$.

因此 $\boxed{f \text{ 在 } 0 \text{ 处存在极限, 且 } \lim\limits_{x \to 0} f(x) = 1.}$

对于 $x \in (-\infty, 0)$, $g(x) = \dfrac{-x}{x} = -1$. 所以 $\lim\limits_{\substack{x \to 0 \\ x < 0}} g(x) = -1$;

对于 $x \in (0, +\infty)$, $g(x) = \dfrac{x}{x} = 1$. 所以 $\lim\limits_{\substack{x \to 0 \\ x > 0}} g(x) = 1$.

g 在 0 处的左、右极限不相等, 因此根据极限存在定理, $\boxed{g \text{ 在 } 0 \text{ 处的极限不存在.}}$

习题 1.1.8　定义函数 f 满足 : $\forall x \in \mathbb{R}$, $f(x) = \begin{cases} x, & x \neq 1, \\ 2, & x = 1. \end{cases}$ 确定 f 在 1 处的极限 (即先判断极限是否存在, 若存在, 求出极限值).

例 1.1.9　考虑向下取整函数 f: $x \mapsto E(x)$, 即对于 $x \in \mathbb{R}$, $E(x)$ 是不超过 x 的最大的整数. 例如: $f(2) = 2$, $f(2.3) = 2$, $f(-1.5) = -2$. 设 $n \in \mathbb{Z}$, 当 $x \in (n-1, n)$ 时, 始终有 $f(x) = n - 1$, 因此

$$\lim_{\substack{x \to n \\ x < n}} f(x) = n - 1.$$

而当 $x \in (n, n+1)$ 时, 始终有 $f(x) = n$, 因此

$$\lim_{\substack{x \to n \\ x > n}} f(x) = n.$$

也就是说, f 在 n 处的左极限和右极限都存在, 但是不相等. 根据极限存在定理, 函数 f 在 n 处的极限不存在.

1.1.2 极限的性质、参考极限和极限运算法则

定理 1.1.5 (极限的唯一性) 如果 $\lim\limits_{x\to a} f(x)$ 存在, 其中 $a\in\overline{\mathbb{R}}$, 那么该极限唯一.

注: 上述定理说明:

(1) 如果有 $\lim\limits_{x\to a} f(x)=L$, $\lim\limits_{x\to a} f(x)=M$, 其中 $L,M\in\mathbb{R}$, 则必定有 $L=M$;

(2) 如果有 $\lim\limits_{x\to a} f(x)=+\infty$, 则不可能存在 $l\in\mathbb{R}\cup\{-\infty\}$ 使得 $\lim\limits_{x\to a} f(x)=l$;

(3) 如果有 $\lim\limits_{x\to a} f(x)=-\infty$, 则不可能存在 $l\in\mathbb{R}\cup\{+\infty\}$ 使得 $\lim\limits_{x\to a} f(x)=l$.

命题 1.1.6 (参考极限) 设 $a\in\mathbb{R}$. 我们有

(i) $\lim\limits_{x\to a} c=c$, $\lim\limits_{x\to+\infty} c=c$, $\lim\limits_{x\to-\infty} c=c$, 其中 $c\in\mathbb{R}$;

(ii) $\lim\limits_{x\to a} x=a$, $\lim\limits_{x\to+\infty} x=+\infty$, $\lim\limits_{x\to-\infty} x=-\infty$;

(iii) $\lim\limits_{x\to-\infty}\dfrac{1}{x}=0$, $\lim\limits_{x\to+\infty}\dfrac{1}{x}=0$;

(iv) $\lim\limits_{x\to+\infty}\sqrt{x}=+\infty$.

命题 1.1.7 (函数极限运算法则) 设 α,β 是常数, $a\in\overline{\mathbb{R}}$. 如果函数 f 和 g 都在 a 处存在有限的极限, 那么有

(i) $\alpha f\pm\beta g$ 在 a 处存在有限的极限, 且 $\lim\limits_{x\to a}(\alpha f(x)\pm\beta g(x)) = \alpha\lim\limits_{x\to a} f(x)\pm\beta\lim\limits_{x\to a} g(x)$;

(ii) $f\times g$ 在 a 处存在有限的极限, 且 $\lim\limits_{x\to a}(f(x)\times g(x))=\lim\limits_{x\to a} f(x)\times\lim\limits_{x\to a} g(x)$, 特别地, 对 $n\in\mathbb{N}^*$, 有 $\lim\limits_{x\to a}(f(x))^n=(\lim\limits_{x\to a} f(x))^n$;

(iii) 若 $\lim\limits_{x\to a} g(x)\neq 0$, 则 $\dfrac{f}{g}$ 在 a 处存在有限的极限, 且 $\lim\limits_{x\to a}\dfrac{f(x)}{g(x)}=\dfrac{\lim\limits_{x\to a} f(x)}{\lim\limits_{x\to a} g(x)}$;

(iv) 若 f 在 a 附近恒大于等于零, 则 $\sqrt{f}$ 在 a 处存在有限的极限并且

$$\lim_{x\to a}\sqrt{f(x)}=\sqrt{\lim_{x\to a} f(x)}.$$

注: (1) 上述命题每项都有两个结论: 一是说明极限存在; 二是说明极限值是什么.

(2) 上述命题要求函数 f 和 g 在 a 点的极限都必须存在且有限.

例 1.1.10　计算 $\lim\limits_{x\to 2}(2x^2-3x-1)$.

解: 由参考极限 $\lim\limits_{x\to 2}x=2$ 和 $\lim\limits_{x\to 2}1=1$, 以及极限的运算法则可知 $\lim\limits_{x\to 2}(2x^2-3x-1)$ 存在并且

$$\lim_{x\to 2}(2x^2-3x-1)=2(\lim_{x\to 2}x)^2-3\lim_{x\to 2}x-\lim_{x\to 2}1=2\times 2^2-3\times 2-1=1.$$

> **命题 1.1.8**　设 $a\in\mathbb{R}$, P 是一个实系数多项式函数满足
>
> $$\forall x\in\mathbb{R},\ P(x)=\sum_{k=0}^{n}a_kx^k,\ \text{其中 } n\in\mathbb{N},\ a_0,\cdots,a_n\text{是 } n+1\text{个实数}.$$
>
> 则 $\lim\limits_{x\to a}P(x)$ 存在且 $\lim\limits_{x\to a}P(x)=P(a)$.

注: (1) 证明留作练习.

(2) $\sum$ 是"求和符号", $\sum\limits_{k=0}^{n}a_kx^k$ 就是 "$a_0+a_1x+\cdots+a_nx^n$".

> **命题 1.1.9**　设 R 是一个实系数有理函数, 即存在两个实系数多项式函数 P 和 Q, 其中 $Q\neq 0$, 使得 $R=\dfrac{P}{Q}$. 记 R 的定义域为 $\mathcal{D}_R$, 设 $a\in\mathcal{D}_R$, 则 $\lim\limits_{x\to a}R(x)$ 存在且 $\lim\limits_{x\to a}R(x)=R(a)$.

注: (1) 证明留作练习.

(2) $Q\neq 0$, 即 Q 不是零函数. 但是 Q 可以有零点(即取值为 0 的点).

(3) 事实上, R 的定义域是所有使得 Q 的值不为 0 的实数的集合.

例 1.1.11　计算: $\lim\limits_{x\to+\infty}\dfrac{1+x^3}{2x^3}$.

解: 设 $x\in(1,+\infty)$, 我们有 $\dfrac{1+x^3}{2x^3}=\dfrac{1}{2x^3}+\dfrac{1}{2}$.

由参考极限 $\lim\limits_{x\to+\infty}\dfrac{1}{x}=0$ 和 $\lim\limits_{x\to+\infty}\dfrac{1}{2}=\dfrac{1}{2}$, 以及极限运算法则得

$$\lim_{x\to+\infty}\left(\frac{1}{2x^3}+\frac{1}{2}\right)=\frac{1}{2}\left(\lim_{x\to+\infty}\frac{1}{x}\right)^3+\lim_{x\to+\infty}\frac{1}{2}=\frac{1}{2}\times 0^3+\frac{1}{2}=\frac{1}{2}.$$

因此, 所求极限存在且 $\lim\limits_{x\to+\infty}\dfrac{1+x^3}{2x^3}=\dfrac{1}{2}$.

习题 1.1.12　计算: $\lim\limits_{x\to 1}\dfrac{2x-2}{x^2-5x+4}$.

命题 1.1.10 设 $a \in \overline{\mathbb{R}}$, f 和 g 是两个函数. 假设 $\lim\limits_{x\to a} f(x) = l \in \overline{\mathbb{R}}$.

(i) 若 $l > 0$ 且 $\lim\limits_{x\to a} g(x) = +\infty$, 则 $\lim\limits_{x\to a}(f(x) \times g(x)) = +\infty$.

(ii) 若 $l > 0$ 且 $\lim\limits_{x\to a} g(x) = -\infty$, 则 $\lim\limits_{x\to a}(f(x) \times g(x)) = -\infty$.

(iii) 若 $l < 0$ 且 $\lim\limits_{x\to a} g(x) = +\infty$, 则 $\lim\limits_{x\to a}(f(x) \times g(x)) = -\infty$.

(iv) 若 $l < 0$ 且 $\lim\limits_{x\to a} g(x) = -\infty$, 则 $\lim\limits_{x\to a}(f(x) \times g(x)) = +\infty$.

(v) 若 $l \in \mathbb{R}$, $\lim\limits_{x\to a} g(x) = +\infty$ (或 $-\infty$), 则 $\lim\limits_{x\to a} \dfrac{f(x)}{g(x)} = 0$.

(vi) 如果当 $x \to a$ 时, $f(x)$ 从大于零的方向趋于零, 记作 $\lim\limits_{x\to a} f(x) = 0^+$, 则

$$\lim_{x\to a} \frac{1}{f(x)} = +\infty.$$

(vii) 如果当 $x \to a$ 时, $f(x)$ 从小于零的方向趋于零, 记作 $\lim\limits_{x\to a} f(x) = 0^-$, 则

$$\lim_{x\to a} \frac{1}{f(x)} = -\infty.$$

例 1.1.13 因为 $\lim\limits_{\substack{x\to 0\\x>0}} x = 0^+$, 所以 $\lim\limits_{\substack{x\to 0\\x>0}} \dfrac{1}{x} = +\infty$;

因为 $\lim\limits_{\substack{x\to 0\\x<0}} x = 0^-$, 所以 $\lim\limits_{\substack{x\to 0\\x<0}} \dfrac{1}{x} = -\infty$.

注: 当 $\lim\limits_{x\to a} f(x) = 0$, $\lim\limits_{x\to a} g(x) = +\infty$(或 $-\infty$) 时, 我们不能直接断言函数 $f \times g$ 在 a 处的极限存在与否, 此时需要具体分析. 试举例说明.

命题 1.1.11 设 $a \in \overline{\mathbb{R}}$, f 和 g 是两个函数.

(i) 若 $\lim\limits_{x\to a} f(x) = l \in \mathbb{R}$, 且 $\lim\limits_{x\to a} g(x) = +\infty$, 则 $\lim\limits_{x\to a}(f(x) + g(x)) = +\infty$.

(ii) 若 $\lim\limits_{x\to a} f(x) = l \in \mathbb{R}$, 且 $\lim\limits_{x\to a} g(x) = -\infty$, 则 $\lim\limits_{x\to a}(f(x) + g(x)) = -\infty$.

(iii) 若 $\lim\limits_{x\to a} f(x) = +\infty$, 且 $\lim\limits_{x\to a} g(x) = +\infty$, 则 $\lim\limits_{x\to a}(f(x) + g(x)) = +\infty$.

(iv) 若 $\lim\limits_{x\to a} f(x) = -\infty$, 且 $\lim\limits_{x\to a} g(x) = -\infty$, 则 $\lim\limits_{x\to a}(f(x) + g(x)) = -\infty$.

注: 当 $\lim\limits_{x\to a} f(x) = +\infty$, $\lim\limits_{x\to a} g(x) = -\infty$ 时, 我们不能直接断言函数 $f + g$ 在 a 处的极限存在与否, 此时需要具体分析. 试举例说明.

1.1.3　复合函数的极限

定义 1.1.12　设函数 f 的定义域为 $\mathcal{D}_f$, 函数 g 的定义域为 $\mathcal{D}_g$, 且 g 的值域 $\mathcal{R}_g \subset \mathcal{D}_f$, 则由下面性质

$$\forall x \in \mathcal{D}_g,\ h(x) = f(g(x))$$

确定的函数 h 称为由函数 g 和 f 构成的复合函数, 它的定义域为 $\mathcal{D}_g$.

注: (1) 函数 g 与 f 的复合函数, 即按"先 g 后 f"的次序复合, 通常记为 $f \circ g$, 即

$$\forall x \in \mathcal{D}_g,\ (f \circ g)(x) = f(g(x)).$$

(2) 函数 g 和 f 能构成复合函数 $f \circ g$ 的条件是: 函数 g 的值域 $\mathcal{R}_g$ 必须包含于函数 f 的定义域 $\mathcal{D}_f$ 内, 即 $\mathcal{R}_g \subset \mathcal{D}_f$.

(3) 一般地, $f \circ g \neq g \circ f$. 例如, 定义函数 f 和 g 满足

$$\forall x \in \mathbb{R},\ f(x) = x + 1 \quad 和 \quad \forall x \in \mathbb{R},\ g(x) = x^2,$$

则对 $x \in \mathbb{R}$, $(f \circ g)(x) = f(g(x)) = x^2 + 1$, 而 $(g \circ f)(x) = g(f(x)) = (x+1)^2$.

定理 1.1.13 (复合函数极限法则)　设函数 $f \circ g$ 由函数 g 与函数 f 复合而成, 若 $\lim\limits_{x \to a} g(x) = b$, 且 $\lim\limits_{x \to b} f(x) = l$, 其中 $a, b, l \in \overline{\mathbb{R}}$, 则 $f \circ g$ 在 a 处极限存在且有

$$\lim_{x \to a} (f \circ g)(x) = l.$$

注: 此定理非常重要, 特别是在确定函数的极限时经常用到.

例 1.1.14　确定函数 $x \mapsto \sqrt{x^2+1}$ 在 0 处的极限.

解: 令 $f: x \mapsto \sqrt{x}$ 和 $g: x \mapsto x^2 + 1$. 则 $\mathcal{R}_g = [1, +\infty) \subset [0, +\infty) = \mathcal{D}_f$, 问题中的函数即是 $f \circ g$. 因为 g 是多项式函数, 所以 g 在 0 处极限存在且 $\lim\limits_{x \to 0} g(x) = g(0) = 1$. 由参考极限 $\lim\limits_{x \to 1} x = 1$ 和极限运算法则得 $\lim\limits_{x \to 1} f(x) = \lim\limits_{x \to 1} \sqrt{x} = \sqrt{\lim\limits_{x \to 1} x} = 1$. 再由复合函数极限法则得 $f \circ g$ 在 0 处极限存在且 $\lim\limits_{x \to 0} (f \circ g)(x) = 1$, 即 $\boxed{\lim\limits_{x \to 0} \sqrt{x^2+1} = 1.}$

1.1.4 函数极限的判定

定理 1.1.14 (两边夹定理) 设函数 f, g 和 h 均在 $a \in \overline{\mathbb{R}}$ 附近有定义且满足 $f \leqslant g \leqslant h$. 如果 $\lim\limits_{x\to a} f(x) = \lim\limits_{x\to a} h(x) = L$, 其中 $L \in \mathbb{R}$, 则 g 在 a 处存在有限的极限且

$$\lim_{x\to a} g(x) = L.$$

例 1.1.15 由 cos 的有界性, 我们有 $\forall x > 0,\ -\dfrac{1}{x} \leqslant \dfrac{\cos(x)}{x} \leqslant \dfrac{1}{x}$.

注意到 $\lim\limits_{x\to+\infty}\left(-\dfrac{1}{x}\right) = \lim\limits_{x\to+\infty}\dfrac{1}{x} = 0$, 由两边夹定理, 我们知道函数 $x \mapsto \dfrac{\cos(x)}{x}$ 在 $+\infty$ 存在有限的极限, 且 $\lim\limits_{x\to+\infty}\dfrac{\cos(x)}{x} = 0$.

习题 1.1.16 $\lim\limits_{x\to 0}\sin(x) = 0$.

定理 1.1.15 设函数 f 和 g 均在 $a \in \overline{\mathbb{R}}$ 附近有定义且满足 $f \leqslant g$.

(i) 若 $\lim\limits_{x\to a} f(x) = +\infty$, 则 $\lim\limits_{x\to a} g(x) = +\infty$;

(ii) 若 $\lim\limits_{x\to a} g(x) = -\infty$, 则 $\lim\limits_{x\to a} f(x) = -\infty$.

注: 函数 f 和 g 在区间 I 上满足 $f \leqslant g$ 是指: $\forall x \in I,\ f(x) \leqslant g(x)$.

命题 1.1.16 (常用极限) $\lim\limits_{x\to 0}\dfrac{\sin(x)}{x} = 1$.

注: 我们先承认此结论, 以后再证. 我们先来看它的应用.

例 1.1.17 计算: $\lim\limits_{x\to 0}\dfrac{\sin(3x)}{x}$.

解: 我们有 $\forall x \in \mathbb{R}^*$, $\dfrac{\sin(3x)}{x} = 3 \times \dfrac{\sin(3x)}{3x}$.

注意到 $\lim\limits_{x\to 0}(3x) = 0$ 和 $\lim\limits_{x\to 0}\dfrac{\sin(x)}{x} = 1$, 由复合函数极限法则知, $\lim\limits_{x\to 0}\dfrac{\sin(3x)}{3x} = 1$. 再由极限运算法则得 $\lim\limits_{x\to 0}\dfrac{\sin(3x)}{x} = 3 \times \lim\limits_{x\to 0}\dfrac{\sin(3x)}{3x} = 3 \times 1 = 3$.

习题 1.1.18 计算: (1) $\lim\limits_{x\to 0}\dfrac{1-\cos(x)}{x^2}$; (2) $\lim\limits_{x\to 0}\dfrac{\sin^2(x)}{x}$.

1.2　函数的连续性

1.2.1　定义

定义 1.2.1　设函数 f 在包含 $a \in \mathbb{R}$ 的某个开区间有定义, 如果

$$\lim_{x\to a} f(x)\text{存在},$$

那么就称函数 f 在点 a 连续, 也称 a 是 f 的一个连续点.

注: (1) 如果 f 在点 a 没有定义, 则不可能讨论 f 在点 a 的连续性.

(2) 如果 f 在包含 a 的某个开区间有定义, 则

$$\begin{aligned}\lim_{x\to a} f(x)\ \text{存在} &\iff \lim_{\substack{x\to a\\ x\neq a}} f(x) = f(a) \quad (\text{由极限存在定理})\\ &\iff \lim_{x\to a} f(x) = f(a)\\ &\iff \lim_{h\to 0} f(a+h) = f(a)\\ &\iff \lim_{h\to 0}(f(a+h) - f(a)) = 0.\end{aligned}$$

在实际应用中, 上述的几种等价性质均可作为判定 f 在点 a 连续的条件.

相应于左、右极限的概念, 我们给出左、右连续的定义如下.

定义 1.2.2　设函数 f 在 $a \in \mathbb{R}$ 有定义.

(i) 如果 f 在 a 的左侧附近有定义并且 $\lim_{\substack{x\to a\\ x<a}} f(x) = f(a)$, 则我们称 f 在点 a *左连续*;

(ii) 如果 f 在 a 的右侧附近有定义并且 $\lim_{\substack{x\to a\\ x>a}} f(x) = f(a)$, 则我们称 f 在点 a *右连续*.

由极限存在定理立即得到下面的命题.

命题 1.2.3　一个函数在定义区间内部的一点连续当且仅当它在该点左连续且右连续.

注: 通常, 在一个区间上每一点都连续的函数, 称为在该区间上的*连续函数*, 或者说函数在

该区间上连续. 如果区间包括端点, 那么函数在右端点连续是指*在右端点左连续*, 在左端点连续是指*在左端点右连续*. 从图像上来看, 一个区间上的连续函数的图像是一条连续而不间断的曲线.

例 1.2.1 由例 1.1.9 可知, 函数 $f: x \mapsto E(x)$ 在整数点处极限不存在, 从而 f 在整数点处不连续.

习题 1.2.2 证明如下定义的函数 g 在 0 处不连续：

$$\forall x \in \mathbb{R},\ g(x) = \begin{cases} \sin\left(\dfrac{1}{x}\right), & x > 0, \\ 0, & x = 0. \end{cases}$$

1.2.2 常见的连续函数

命题 1.2.4 绝对值函数在 $\mathbb{R}$ 上连续.

证明:

注意到, $\forall x \in \mathbb{R},\ |x| = \begin{cases} x, & x \geqslant 0, \\ -x, & x < 0. \end{cases}$ 由参考极限 (命题1.1.6) 容易看出 $x \mapsto |x|$ 在每个 $a \in \mathbb{R}^*$ 处连续. 在 0 处, $\lim\limits_{x\to 0^+} x = \lim\limits_{x\to 0^-}(-x) = 0$, 即

$$\lim_{x\to 0^+}|x| = \lim_{x\to 0^-}|x| = 0 = |0|.$$

因此绝对值函数在 $\mathbb{R}$ 上连续. ⊠

例 1.2.3 设函数 f 在 $a \in \overline{\mathbb{R}}$ 的附近有定义. 证明:

$$\lim_{x\to a} f(x) = 0 \iff \lim_{x\to a}|f(x)| = 0.$$

证明:

($\Longrightarrow$) 假设 $\lim\limits_{x\to a} f(x) = 0$.
注意到 $x \mapsto |f(x)|$ 是 f 与绝对值函数的复合, $\lim\limits_{x\to 0}|x| = 0$. 所以 $\lim\limits_{x\to a}|f(x)| = 0$.
($\Longleftarrow$) 假设 $\lim\limits_{x\to a}|f(x)| = 0$, 则 $\lim\limits_{x\to a}(-|f(x)|) = 0$.
对于 $x \in \mathcal{D}_f$ 总有：$-|f(x)| \leqslant f(x) \leqslant |f(x)|$. 由两边夹定理得 $\lim\limits_{x\to a} f(x) = 0$.

由连续的定义和极限运算法则我们容易得到下面两个命题.

命题 1.2.5 实系数多项式函数和有理函数均在其定义域上连续.

命题 1.2.6　函数 $x \mapsto \sqrt{x}$ 在 $[0,+\infty)$ 上连续.

命题 1.2.7　正弦函数 sin、余弦函数 cos 均在 $\mathbb{R}$ 上连续.

证明:

设 $x \in \mathbb{R}, h \in \mathbb{R}$, 由和差化积公式有

$$\sin(x+h) - \sin(x) = 2\sin\left(\frac{h}{2}\right)\cos\left(x+\frac{h}{2}\right).$$

由于 $\left|\cos\left(x+\frac{h}{2}\right)\right| \leqslant 1$, 可推得

$$0 \leqslant |\sin(x+h) - \sin(x)| \leqslant 2\left|\sin\left(\frac{h}{2}\right)\right| \leqslant 2 \times \left|\frac{h}{2}\right| = |h|.$$

因为 $\lim\limits_{h\to 0}|h| = 0$, 由两边夹定理, 得 $\lim\limits_{h\to 0}|\sin(x+h) - \sin x| = 0$.
所以 $\lim\limits_{h\to 0}(\sin(x+h) - \sin(x)) = 0$. 这就证明了函数 sin 在任意 $x \in \mathbb{R}$ 连续, 从而正弦函数 sin 在 $\mathbb{R}$ 上连续.
类似地可以证明余弦函数 cos 在 $\mathbb{R}$ 上连续, 留作练习. ⊠

1.2.3　连续函数的运算

由函数在某点连续的定义和极限运算法则, 以及复合函数极限法则, 立即可以得出下面的两个定理.

定理 1.2.8　设函数 f 和 g 在点 a 连续, 则它们的和 $f+g$、差 $f-g$、积 $f\times g$ 及商 $\frac{f}{g}$ (当 $g(a) \neq 0$ 时) 都在点 a 连续.

定理 1.2.9 (复合函数的连续性)　设 $a \in \overline{\mathbb{R}}$, 函数 $f\circ g$ 由函数 g 与函数 f 复合而成. 假设 $\lim\limits_{x\to a} g(x) = l \in \mathbb{R}$, 且 f 在点 l 连续, 那么函数 $f\circ g$ 在 a 处存在极限且

$$\lim_{x\to a}(f\circ g)(x) = \lim_{x\to a} f(g(x)) = f(\lim_{x\to a} g(x)) = f(l).$$

特别地, 如果 g 在点 a 连续, f 在点 $g(a)$ 连续, 则复合函数 $f\circ g$ 在点 a 连续.

例 1.2.4 计算 $\lim\limits_{x\to+\infty}\sin\left(\frac{1}{x}\right)$.

解: 由参考极限 $\lim\limits_{x\to+\infty}\frac{1}{x}=0$, 以及 sin 在 $\mathbb{R}$ 上连续, 特别地, 在 0 连续. 根据复合函数连续性定理得

$$\boxed{\lim_{x\to+\infty}\sin\left(\frac{1}{x}\right)=\sin(0)=0.}$$

例 1.2.5 讨论函数 $h: x\mapsto |x^2-3x+6|$ 的连续性.

解: 令 $f: x\mapsto |x|$, $g: x\mapsto x^2-3x+6$, 则 $h=f\circ g$. 注意到 f 和 g 都是 $\mathbb{R}$ 上的连续实值函数, 由复合函数的连续性定理知, 它们复合构成的函数 $h=f\circ g$ 是 $\mathbb{R}$ 上的连续函数.

习题 1.2.6 讨论函数 $f: x\mapsto \sin\left(\frac{1}{|x|+1}\right)$ 的连续性.

1.2.4 函数的连续延拓

如果函数 f 在点 $a\in\mathbb{R}$ 没有定义, 但极限 $\lim\limits_{x\to a}f(x)$ 存在且有限, 我们可以补充定义 f 在 a 处的值为 $\lim\limits_{x\to a}f(x)$, 从而得到新的函数 $\widetilde{f}$ 满足

$$\forall x\in\mathcal{D}_f\cup\{a\},\ \widetilde{f}(x)=\begin{cases} f(x), & x\in\mathcal{D}_f,\\ \lim\limits_{x\to a}f(x), & x=a.\end{cases}$$

注意到新的函数 $\widetilde{f}$ 在 a 连续, 我们称 $\widetilde{f}$ 是 f 在点 a 的*连续延拓*. 或者说, 我们把 f 连续延拓到点 a 得到 $\widetilde{f}$.

例 1.2.7 函数 $f: x\mapsto\frac{\sin x}{x}$ 的定义域 $\mathcal{D}_f=\mathbb{R}^*$, 但是我们有 $\lim\limits_{x\to0}\frac{\sin x}{x}=1$. 于是补充定义 f 在 0 处的值为 1, 得到一个新的函数 $\widetilde{f}$ 满足

$$\forall x\in\mathbb{R},\ \widetilde{f}(x)=\begin{cases}\frac{\sin x}{x}, & x\neq0,\\ 1, & x=0.\end{cases}$$

易见 $\widetilde{f}$ 在 0 连续, $\widetilde{f}$ 是 f 在 0 的连续延拓.

1.3　闭区间上连续函数的性质

1.3.1　有界性与最大值最小值定理

定义 1.3.1　对于在区间 I 上有定义的函数 f, 如果对 $a \in I$, 有

$$\forall x \in I,\ f(x) \leqslant f(a) \quad (\text{或 } f(x) \geqslant f(a)),$$

则称 $f(a)$ 是函数 f 在区间 I 上的**最大值**(或**最小值**).

定义 1.3.2　设函数 f 在集合 A 上有定义. 如果存在 $M > 0$, 使得

$$\forall x \in A,\ |f(x)| \leqslant M,$$

则称 f 在集合 A 上*有界*.

注: 如果 f 在集合 A 上不是有界的, 我们就说 f 在集合 A 上*无界*. 也就是, 对于任意实数 $M > 0$, 存在 $x \in A$, 使得 $|f(x)| > M$.

定理 1.3.3 (有界性与最大值最小值定理)　设 $a \in \mathbb{R}$, $b \in \mathbb{R}$ 且 $a < b$. 设函数 f 在闭区间 $[a,b]$ 上连续, 那么 f 在 $[a,b]$ 上有界, 并且一定能取得它的最大值和最小值.

注: (1) 这就是说, 如果 f 在闭区间 $[a,b]$ 上连续, 那么存在常数 $M > 0$, 使得对任一 $x \in [a,b]$, 都有 $|f(x)| \leqslant M$; 而且至少有一点 $x_1 \in [a,b]$, 使得 $f(x_1)$ 是 f 在 $[a,b]$ 上的最大值; 又至少有一点 $x_2 \in [a,b]$, 使得 $f(x_2)$ 是 f 在 $[a,b]$ 上的最小值.

(2) 如果函数在开区间内连续, 或函数在闭区间上有不连续点, 那么函数在该区间上不一定有界, 也不一定有最大值或最小值. 下面给出三个反例.

例 1.3.1　正切函数 tan 在开区间 $\left(-\dfrac{\pi}{2}, \dfrac{\pi}{2}\right)$ 上连续; 但是 tan 在开区间 $\left(-\dfrac{\pi}{2}, \dfrac{\pi}{2}\right)$ 上无界且既没有最大值也没有最小值.

例 1.3.2　定义函数 f 满足: $\forall x \in [0,1]$, $f(x) = \begin{cases} x, & x \in (0,1], \\ 1, & x = 0. \end{cases}$ 易验证 f 在 0 处不连续. 虽然 f 在 $[0,1]$ 上有界且有最大值 1, 但是没有最小值.

例 1.3.3 定义函数 g 满足: $\forall x \in \mathbb{R}$, $g(x) = \dfrac{1}{x^2+1}$. 因为 g 是有理函数且定义域为 $\mathbb{R} = (-\infty, +\infty)$, 所以 g 在 $\mathbb{R}$ 上连续. 同时注意到 g 在 $\mathbb{R}$ 上有界且有最大值 1, 但是没有最小值.

习题 1.3.4 设函数 $f : \mathbb{R} \longrightarrow \mathbb{R}$ 是连续的周期函数. 证明: f 有界.

1.3.2 零点定理与介值定理

定义 1.3.4 设 f 是一个实值函数. 如果 $x_0 \in \mathcal{D}_f$ 使得 $f(x_0) = 0$, 则称 x_0 为函数 f 的一个零点.

定理 1.3.5 (零点定理) 设函数 f 是闭区间 $[a,b]$ 上的实值连续函数, 且 $f(a) \times f(b) < 0$, 那么在开区间 (a,b) 内至少存在一点 ξ 使得 $f(\xi) = 0$.

注: 从几何上看, 零点定理表示: 如果闭区间 $[a,b]$ 上的连续函数 f 在该区间上的图像的两个端点位于 x 轴的不同侧, 那么它的图像与 x 轴至少有一个交点.

由零点定理可推得以下较一般性的定理.

定理 1.3.6 (介值定理) 设函数 f 是闭区间 $[a,b]$ 上的实值连续函数, 且在该区间的端点取不同的函数值

$$f(a) = A \quad 和 \quad f(b) = B, \quad A \neq B.$$

那么, 对于 A 与 B 之间的任意一个实数 C ($C \neq A$, $C \neq B$), 在开区间 (a,b) 内至少存在一点 ξ 使得

$$f(\xi) = C \quad (a < \xi < b).$$

证明:

设 $C \in (A,B) \cup (B,A)$. 令 $g = f - C$. 则有 $g(a) = A - C$ 和 $g(b) = B - C$, 因为 $A \neq B$, 从而有 $g(a) \times g(b) = (A-C) \times (B-C) < 0$. 又因为 f 在 $[a,b]$ 上连续, 所以 g 也在 $[a,b]$ 上连续. 根据零点定理得: 存在 $\xi \in (a,b)$, 使得 $g(\xi) = 0$, 即 $f(\xi) = C$. ⊠

下面我们给出一个推广的介值定理.

定理 1.3.7　设函数 f 是开区间 (a,b) 上的一个实值连续函数, 其中 $a \in \mathbb{R} \cup \{-\infty\}$, $b \in \mathbb{R} \cup \{+\infty\}$, 且 $a < b$. 假设 f 在 a 处存在右极限、在 b 处存在左极限, 我们记 $A = \lim\limits_{x \to a^+} f(x)$, $B = \lim\limits_{x \to b^-} f(x)$. 如果 $A \neq B$, 那么对于 A 与 B 之间的任意一个数 C $(C \neq A,\ C \neq B)$, 在开区间 (a,b) 内至少存在一点 ξ 使得

$$f(\xi) = C \quad (a < \xi < b).$$

注: 在定理中, 若 $a = -\infty$, 则 f 在 a 处的右极限就是指 f 在 $-\infty$ 处的极限; 同样地, 若 $b = +\infty$, 则 f 在 b 处的左极限就是指 f 在 $+\infty$ 处的极限.

例 1.3.5　证明方程 $x^3 - 4x^2 + 1 = 0$ 在开区间 $(0,1)$ 内至少有一个解.

证明: 定义函数 $f: x \mapsto x^3 - 4x^2 + 1$. 因为 f 是多项式函数, 所以在 $\mathbb{R}$ 上连续, 特别地, 它在闭区间 $[0,1]$ 上连续, 并且有

$$f(0) = 1 > 0, \quad f(1) = -2 < 0.$$

根据零点定理, 在 $(0,1)$ 内至少有一点 ξ, 使得

$$f(\xi) = 0, \quad 即 \quad \xi^3 - 4\xi^2 + 1 = 0.$$

这就证明了方程 $x^3 - 4x^2 + 1 = 0$ 在区间 $(0,1)$ 内至少有一个解.

习题 1.3.6　设 $a, b \in (0, +\infty)$. 证明方程 $x = a\sin(x) + b$ 至少有一个不超过 $a + b$ 的正解.

1.4　导　　数

1.4.1　导数的定义

对于沿直线运动的物体, 假设我们知道它在任意时刻的位置, 并记位置 s 与时刻 t 的关系为 $s = f(t)$, 问物体在某个时刻 t_0 的速度是多少？当物体做匀速运动时, 任意时刻的速度都可以由"经过的路程"和"所花的时间"的比值来确定. 当物体不做匀速运动时, 我们取从时刻 t_0 到 t 这样一个时间间隔, 在这段时间内, 物体从位置 $s_0 = f(t_0)$ 移动到 $s = f(t)$. 这时比值

$$\frac{s - s_0}{t - t_0} = \frac{f(t) - f(t_0)}{t - t_0} \tag{1.1}$$

可以看作是物体在这段时间间隔内的"平均速度". 比如, 取 $t_0=1$, 在区间 $[1,1.2]$ 上的平均速度为 $\dfrac{f(1.2)-f(1)}{1.2-1}$, 在区间 $[0.9,1]$ 上的平均速度为 $\dfrac{f(0.9)-f(1)}{0.9-1}$, 等等. 当时间间隔取很小时, 可以将所得的平均速度看作在该时刻的速度的一个近似. 如果要确切地说明物体在某个时刻的速度, 我们要令 t 趋于 t_0, 对 (1.1) 式取极限, 如果这个极限值存在且有限, 设为 v_0, 即

$$v_0=\lim_{t\to t_0}\frac{f(t)-f(t_0)}{t-t_0},$$

这时就把这个极限值 v_0 称为物体在时刻 t_0 的(瞬时)速度.

定义 1.4.1　设函数 f 在包含 x_0 的某个开区间内有定义, 如果极限

$$\lim_{x\to x_0}\frac{f(x)-f(x_0)}{x-x_0} \tag{1.2}$$

存在且有限, 则称 f 在点 x_0 处可导, 并称此极限值为 f 在点 x_0 处的导数(或微商), 记为 $f'(x_0)$ $\left(或\ \dfrac{\mathrm{d}f}{\mathrm{d}x}(x_0)\right)$.

注: (1) **导数的几何意义.** $\dfrac{f(x)-f(x_0)}{x-x_0}$ 是平面直角坐标系中过点 $(x,f(x))$ 和点 $(x_0,f(x_0))$ 的直线的斜率, 当 $x\to x_0$ 时, 如果 $\dfrac{f(x)-f(x_0)}{x-x_0}$ 的极限存在且有限, 那么该值就是函数 f 的图像在点 $(x_0,f(x_0))$ 处切线的斜率.

(2) 对于函数 f, 记自变量在点 x_0 的改变量为 $h=x-x_0$, 函数值在该点的改变量为 $f(x_0+h)-f(x_0)$, 则 f 在点 x_0 的导数(如果存在)可以写为

$$\lim_{h\to 0}\frac{f(x_0+h)-f(x_0)}{h}=f'(x_0). \tag{1.3}$$

例 1.4.1　猜测过单位圆上点 $\left(\dfrac{1}{\sqrt{2}},\dfrac{1}{\sqrt{2}}\right)$ 处切线的斜率并证明您的猜测.

解: 单位圆在第一象限的一段弧是函数 $f: x\mapsto\sqrt{1-x^2}$ 在区间 $(0,1)$ 上的图像. 由导数的几何意义可知, 过点 $\left(\dfrac{1}{\sqrt{2}},\dfrac{1}{\sqrt{2}}\right)$ 的切线的斜率是 f 在 $\dfrac{1}{\sqrt{2}}$ 的导数(如果可导). 设 $x\in(0,1)\Big\backslash\left\{\dfrac{1}{\sqrt{2}}\right\}$, 则有

$$\frac{f(x)-f\left(\frac{1}{\sqrt{2}}\right)}{x-\frac{1}{\sqrt{2}}}=\frac{\sqrt{1-x^2}-\frac{1}{\sqrt{2}}}{x-\frac{1}{\sqrt{2}}}=\frac{(1-x^2)-\left(\frac{1}{\sqrt{2}}\right)^2}{\left(x-\frac{1}{\sqrt{2}}\right)\left(\sqrt{1-x^2}+\frac{1}{\sqrt{2}}\right)}=\frac{-\left(x+\frac{1}{\sqrt{2}}\right)}{\sqrt{1-x^2}+\frac{1}{\sqrt{2}}}.$$

由常用函数的连续性和复合函数极限法则可得

$$\lim_{x\to\frac{1}{\sqrt{2}}}\left(x+\frac{1}{\sqrt{2}}\right)=\sqrt{2}\quad 和\quad \lim_{x\to\frac{1}{\sqrt{2}}}\left(\sqrt{1-x^2}+\frac{1}{\sqrt{2}}\right)=\sqrt{2}\neq 0.$$

所以 $\lim\limits_{x\to\frac{1}{\sqrt{2}}}\dfrac{-\left(x+\frac{1}{\sqrt{2}}\right)}{\sqrt{1-x^2}+\frac{1}{\sqrt{2}}}=-1$. 因此 $\lim\limits_{x\to\frac{1}{\sqrt{2}}}\dfrac{f(x)-f\left(\frac{1}{\sqrt{2}}\right)}{x-\frac{1}{\sqrt{2}}}$ 存在且有限, 即 f 在 $\dfrac{1}{\sqrt{2}}$ 可导且 $f'\left(\dfrac{1}{\sqrt{2}}\right)=-1$. 因此 所求切线的斜率为 -1.

根据 x 从不同方向趋于 x_0, 还可以定义 f 在点 x_0 的左导数和右导数.

定义 1.4.2　设 $x_0\in\mathbb{R}$. 设函数 f 在 x_0 以及 x_0 的左侧附近或右侧附近有定义,

(i) 如果当 x 从 x_0 的左侧趋于 x_0 时, $\lim\limits_{\substack{x\to x_0\\x<x_0}}\dfrac{f(x)-f(x_0)}{x-x_0}$ 存在且有限, 则称 f 在点 x_0 *左可导* (或存在左导数), 并且称此极限值为 f 在 x_0 的*左导数*, 记作 $f'_-(x_0)$;

(ii) 如果当 x 从 x_0 的右侧趋于 x_0 时, $\lim\limits_{\substack{x\to x_0\\x>x_0}}\dfrac{f(x)-f(x_0)}{x-x_0}$ 存在且有限, 则称 f 在点 x_0 *右可导* (或存在右导数), 并且称此极限值为 f 在 x_0 的*右导数*, 记作 $f'_+(x_0)$.

例 1.4.2　函数 $x\mapsto\sqrt{x}$ 在 0 处存在右导数吗？其图像在原点有什么特点？

解: 设 $x\in(0,1)$, 则有 $\dfrac{\sqrt{x}-\sqrt{0}}{x-0}=\dfrac{1}{\sqrt{x}}$. 因为 $\lim\limits_{\substack{x\to0\\x>0}}\sqrt{x}=0^+$, 所以 $\lim\limits_{\substack{x\to0\\x>0}}\dfrac{1}{\sqrt{x}}=+\infty$. 也就是 $\lim\limits_{\substack{x\to0\\x>0}}\dfrac{\sqrt{x}-\sqrt{0}}{x-0}$ 存在但不是有限值, 所以, 函数 $x\mapsto\sqrt{x}$ 在 0 处不存在右导数. 该函数图像在原点处有竖直切线.

注: 如果极限 $\lim\limits_{x\to x_0}\dfrac{f(x)-f(x_0)}{x-x_0}$ 不存在或 $\lim\limits_{x\to x_0}\dfrac{f(x)-f(x_0)}{x-x_0}=+\infty$(或 $-\infty$), 就说函数 f 在点 x_0 处不可导. 如果不可导是由于 $\lim\limits_{x\to x_0}\dfrac{f(x)-f(x_0)}{x-x_0}=+\infty$(或 $-\infty$), 此时, f 的图像在点 $(x_0,f(x_0))$ 有垂直于 x 轴的切线 (或称为竖直的切线).

命题 1.4.3　函数 f 在点 x_0 可导的充分必要条件是 f 在点 x_0 处的左导数和右导数都存在且相等.

注: (1) 如果函数 f 在开区间 (a,b) 内的每点都可导, 就称函数 f 在开区间 (a,b) 内可导. 这时, 对于任意 $x\in(a,b)$, 都对应着 f 的一个确定的导数值 $f'(x)$. 这样就构成了一个新的函数, 这个函数叫做函数 f 的导函数, 记作 f' 或 $\dfrac{\mathrm{d}f}{\mathrm{d}x}$. 导函数 f' 有时也简称为 f 的导数. 如果函数 f 在闭区间 $[a,b]$ 上有定义, 在开区间 (a,b) 内可导, 且 $f'_+(a)$ 和 $f'_-(b)$ 都存在, 就说 f 在闭区间 $[a,b]$ 上可导.

(2) 需要注意以下两点:

— 求函数 f 的导函数 f' 时, 要注意确定 f' 的定义域, 也就是使得极限 (1.2) 或 (1.3) 存在且有限的 x 的集合.

— 若要求函数 f 在某点 x_0 的导数, 应该根据定义并利用 (1.2) 式或 (1.3) 式, 首先判断 $\lim\limits_{x\to x_0}\dfrac{f(x)-f(x_0)}{x-x_0}$ 或 $\lim\limits_{h\to0}\dfrac{f(x_0+h)-f(x_0)}{h}$ 的存在性, 当极限存在且有限时, 才可进一步给出导数值.

例 1.4.3 研究函数 $f:\ x\mapsto|x|$ 在点 0 的可导性.

解: 事实上, 设 $h\in\mathbb{R}^*$, 我们有

$$\frac{f(0+h)-f(0)}{h}=\frac{|\,0+h|-|\,0|}{h}=\frac{|h|}{h}.$$

当 $h>0$ 时, $\dfrac{|h|}{h}=\dfrac{h}{h}=1$. 从而右极限存在且有限, $\lim\limits_{\substack{h\to0\\h>0}}\dfrac{f(0+h)-f(0)}{h}=1$.

当 $h<0$ 时, $\dfrac{|h|}{h}=\dfrac{-h}{h}=-1$. 从而左极限存在且有限, $\lim\limits_{\substack{h\to0\\h<0}}\dfrac{f(0+h)-f(0)}{h}=-1$.

所以 f 在 0 处的左、右导数都存在但不相等, 因此 f 在点 0 不可导.

1.4.2 函数的可导性与连续性的关系

命题 1.4.4 如果函数 f 在点 a 可导, 则 f 在点 a 连续.

证明:

我们只证 a 是 f 的某个定义区间的内点的情形. 当 a 是端点时, 只需考虑 a 单侧的区间类似地证明.

设函数 f 在点 a 可导, 且 f 在包含 a 的一个开区间 (α,β) 内有定义. 由函数在一点连续的充要条件, 为证 f 在点 a 连续, 只需证明 f 在点 a 的极限 $\lim\limits_{\substack{x\to a\\x\neq a}}f(x)$ 存在且等于 $f(a)$.

设 $x \in (\alpha,\beta)\setminus\{a\}$, 我们把 $f(x)$ 写为

$$f(x) = f(a) + \frac{f(x)-f(a)}{x-a} \times (x-a).$$

由 $\lim\limits_{x\to a} \dfrac{f(x)-f(a)}{x-a} = f'(a)$, $\lim\limits_{x\to a}(x-a) = 0$ 以及函数极限乘法运算法则知, 函数 f 在点 a 的极限 $\lim\limits_{\substack{x\to a\\ x\neq a}} f(x)$ 存在且有限, 并且有

$$\begin{aligned}
\lim_{\substack{x\to a\\ x\neq a}} f(x) &= \lim_{\substack{x\to a\\ x\neq a}} \left[f(a) + \frac{f(x)-f(a)}{x-a} \times (x-a)\right] \\
&= \lim_{\substack{x\to a\\ x\neq a}} f(a) + \lim_{\substack{x\to a\\ x\neq a}} \frac{f(x)-f(a)}{x-a} \times \lim_{\substack{x\to a\\ x\neq a}} (x-a) \\
&= f(a) + f'(a) \times 0 \\
&= f(a).
\end{aligned}$$

故 f 在点 a 连续. ⊠

注: (1) 在上述证明过程中, 如果限制在 a 的单侧区间上考察, 则不难看出: 如果 f 在点 a 左可导, 则 f 在点 a 左连续; 如果 f 在点 a 右可导, 则 f 在点 a 右连续.

(2) 函数在某点连续是在该点可导的必要条件, 但不是充分条件! 试举例说明.

1.4.3 常见函数的导数

命题 1.4.5 (常函数和幂函数的导数) 设 f 是一个定义在 $\mathbb{R}$ 上的函数,

(i) 若存在常数 C, 使得 $\forall x \in \mathbb{R}$, $f(x) = C$, 则有: $\forall x \in \mathbb{R}$, $f'(x) = 0$.

(ii) 若 $\forall x \in \mathbb{R}$, $f(x) = x^n$ (其中 $n \in \mathbb{N}^*$), 则有: $\forall x \in \mathbb{R}$, $f'(x) = nx^{n-1}$.

证明:

(i) 设 $x \in \mathbb{R}$, $h \in \mathbb{R}^*$, 我们有 $\dfrac{f(x+h)-f(x)}{h} = \dfrac{C-C}{h} = 0$, 由参考极限 (命题1.1.6) 知, $\lim\limits_{h\to 0} \dfrac{f(x+h)-f(x)}{h}$ 存在且有限, 并且

$$f'(x) = \lim_{h\to 0} \frac{f(x+h)-f(x)}{h} = 0.$$

(ii) 设 $n \in \mathbb{N}^*$, $x \in \mathbb{R}$, $h \in \mathbb{R}^*$, 利用二项式展开(即 Newton 公式), 我们有

$$\frac{f(x+h)-f(x)}{h} = \frac{(x+h)^n - x^n}{h}$$

$$=\frac{\sum_{k=0}^{n}\binom{n}{k}x^{n-k}h^{k}-x^{n}}{h}$$

$$=\frac{\sum_{k=1}^{n}\binom{n}{k}x^{n-k}h^{k}}{h}$$

$$=\sum_{k=1}^{n}\binom{n}{k}x^{n-k}h^{k-1}$$

$$=nx^{n-1}+\sum_{k=2}^{n}\binom{n}{k}x^{n-k}h^{k-1}.$$

因为对 $k\in\mathbb{N}^*$, 有 $\lim_{h\to 0}h^k=0$. 对于上式的第二项和式, 若 $n=1$, 则该项不存在; 若 $n\geqslant 2$, 则其中每一项都有 h 的正整数次幂的因子. 所以, 第二项和式当 $h\to 0$ 时的极限为 0. 由极限运算法则可知, $\lim_{h\to 0}\frac{f(x+h)-f(x)}{h}$ 存在且有限, 并且 $\lim_{h\to 0}\frac{f(x+h)-f(x)}{h}=nx^{n-1}$.

由导数的定义知, f 在点 x 可导, 且 $f'(x)=nx^{n-1}$. ☒

注: 二项式公式 $(x+y)^n=\sum_{k=0}^{n}\binom{n}{k}x^ky^{n-k}$ 也叫做 Newton 公式, 其中 $\binom{n}{k}$ 是二项式系数(也是组合数 C_n^k). 事实上, 这个公式对任意复数 x 和 y, 以及任意自然数 n 都成立.

命题 1.4.6　$\sin'=\cos,\quad \cos'=-\sin.$

证明:

设 $x\in\mathbb{R}$, $h\in\mathbb{R}^*$. 由和差化积公式有

$$\frac{\sin(x+h)-\sin(x)}{h}=\frac{2\sin\left(\frac{h}{2}\right)\cos\left(x+\frac{h}{2}\right)}{h}=\frac{\sin\left(\frac{h}{2}\right)}{\left(\frac{h}{2}\right)}\times\cos\left(x+\frac{h}{2}\right).\quad(*)$$

由 $\lim_{h\to 0}\frac{h}{2}=0$ 和常用极限 $\lim_{x\to 0}\frac{\sin(x)}{x}=1$, 根据复合函数极限法则得 $\lim_{h\to 0}\frac{\sin\left(\frac{h}{2}\right)}{\left(\frac{h}{2}\right)}=1$. 又由余弦函数在 $\mathbb{R}$ 上连续, 我们有

$$\lim_{h\to 0}\cos\left(x+\frac{h}{2}\right)=\cos(x).$$

因此 $(*)$ 式当 $h \to 0$ 时极限存在并且 $\lim\limits_{h\to 0} \dfrac{\sin(x+h)-\sin(x)}{h} = \cos(x) \in \mathbb{R}$.
故 sin 在 x 处可导且 $\sin'(x) = \cos(x)$.
因此, 正弦函数在其定义域 $\mathbb{R}$ 上可导, 其导数为 $\sin' = \cos$.

类似地可以证明 $\cos' = -\sin$. 留作练习. ⊠

命题 1.4.7　设 $f: x \mapsto \sqrt{x}$, 那么有: $\forall x \in (0, +\infty)$, $f'(x) = \dfrac{1}{2\sqrt{x}}$.

证明:

设 $x \in (0, +\infty)$, $h \in (-x, x)\backslash\{0\}$, 我们有

$$\frac{f(x+h)-f(x)}{h} = \frac{\sqrt{x+h}-\sqrt{x}}{h} = \frac{1}{\sqrt{x+h}+\sqrt{x}}.$$

由 f 在 $[0, +\infty)$ 上连续, 特别地, f 在 x 处连续, 所以有

$$\lim_{h\to 0}(\sqrt{x+h}+\sqrt{x}) = 2\sqrt{x} \neq 0,$$

由极限运算法则可知 $\lim\limits_{h\to 0} \dfrac{f(x+h)-f(x)}{h}$ 存在且有限, 即 f 在 x 可导并且

$$f'(x) = \lim_{h\to 0} \frac{f(x+h)-f(x)}{h} = \frac{1}{2\sqrt{x}}.$$ ⊠

1.4.4　函数的求导法则

定理 1.4.8　如果函数 f 和 g 都在点 x 可导, 那么它们的和、差、积、商(分母在点 x 的值非零)都在点 x 可导, 且

(i) $(f \pm g)'(x) = f'(x) \pm g'(x)$.

(ii) $(f \cdot g)'(x) = f'(x)g(x) + f(x)g'(x)$; 特别地, 对任意常数 c, 有 $(c\,f)'(x) = c\,f'(x)$.

(iii) 若 $g(x) \neq 0$, 则 $\left(\dfrac{f}{g}\right)'(x) = \dfrac{f'(x)g(x) - f(x)g'(x)}{g^2(x)}$; 特别地, 此时有 $\dfrac{1}{g}$ 在点 x 可导且 $\left(\dfrac{1}{g}\right)'(x) = -\dfrac{g'(x)}{g^2(x)}$.

证明:

这些结论可以按照导数的定义证明. 我们只证明(iii), 其他留作练习.

定义函数 $F: x \mapsto \dfrac{f(x)}{g(x)}$. 设 $h \in \mathbb{R}^*$ 使得 $x+h \in \mathcal{D}_F$. 我们有

$$\begin{aligned}\frac{F(x+h)-F(x)}{h} &= \frac{\dfrac{f(x+h)}{g(x+h)} - \dfrac{f(x)}{g(x)}}{h} \\ &= \frac{g(x)f(x+h)-f(x)g(x+h)}{h} \times \frac{1}{g(x)g(x+h)} \\ &= \frac{g(x)f(x+h)-g(x)f(x)+g(x)f(x)-f(x)g(x+h)}{h} \\ &\quad \times \frac{1}{g(x)g(x+h)} \\ &= \left[g(x)\frac{f(x+h)-f(x)}{h} - f(x)\frac{g(x+h)-g(x)}{h}\right] \\ &\quad \times \frac{1}{g(x)g(x+h)}.\end{aligned}$$

此外, 由 g 在点 x 可导知 g 在点 x 连续, 又 $g(x)\neq 0$, 所以 $\lim\limits_{h\to 0}\dfrac{1}{g(x+h)} = \dfrac{1}{g(x)}$.

又因为 f 和 g 都在点 x 可导, 由极限运算法则可得 $h \mapsto \dfrac{F(x+h)-F(x)}{h}$ 在 0 处的极限存在且有限并且

$$\begin{aligned}\lim_{h\to 0}\frac{F(x+h)-F(x)}{h} &= \left[g(x)\lim_{h\to 0}\frac{f(x+h)-f(x)}{h} - f(x)\lim_{h\to 0}\frac{g(x+h)-g(x)}{h}\right] \\ &\quad \times \frac{1}{g(x)\lim\limits_{h\to 0} g(x+h)} \\ &= \frac{g(x)f'(x)-f(x)g'(x)}{g^2(x)}.\end{aligned}$$

因此 F 即 $\dfrac{f}{g}$ 在点 x 可导且 $\left(\dfrac{f}{g}\right)'(x) = \dfrac{f'(x)g(x)-f(x)g'(x)}{g^2(x)}$. ☒

注: 由上述定理中的 (i) 和 (ii) 知, 映射 $D: f \mapsto f'$ 是线性的, 即对任意可导函数 f 和 g, 任意常数 c 有: $D(c\times f) = c\times D(f)$; $D(f+g) = D(f)+D(g)$.

关于线性映射的一般理论我们将在《大学数学基础》中详细介绍.

习题 1.4.4 求下列函数的导数:

(1) $f: x \mapsto \dfrac{3x-5}{x^2+7}$; (2) $\tan x$.

1.4.5　复合函数的导数

定理 1.4.9 (复合函数求导法则)　设 I 和 J 是两个区间. 设 $g: I \longrightarrow J$ 和 $f: J \longrightarrow \mathbb{R}$ 是两个函数. 设 $a \in I$. 如果函数 g 在点 a 可导, f 在点 $g(a)$ 可导, 则复合函数 $f \circ g$ 在点 a 可导, 且

$$(f \circ g)'(a) = f'(g(a)) \times g'(a).$$

例 1.4.5　设 $f: x \mapsto (2x^2 - 4x + 1)^2$, 求 f'.

解: 定义函数 $g: x \mapsto 2x^2 - 4x + 1$, $h: x \mapsto x^2$, 则 $f = h \circ g$. 由幂函数的导数知 g 和 h 都在 $\mathbb{R}$ 上可导, 且对任意 $x \in \mathbb{R}$ 有: $g'(x) = 4x - 4$ 和 $h'(x) = 2x$.

由复合函数求导法则知, f 也在 $\mathbb{R}$ 上可导, 并且对任意 $x \in \mathbb{R}$ 有

$$f'(x) = h'(g(x)) \times g'(x) = 2(2x^2 - 4x + 1) \times (4x - 4) = 8(x-1)(2x^2 - 4x + 1).$$

习题 1.4.6　定义函数 f 满足 : $\forall x \in \mathbb{R},\ f(x) = \begin{cases} x^2 \sin\left(\dfrac{1}{x}\right), & x \neq 0, \\ 0, & x = 0. \end{cases}$

研究 f 的连续性、可导性以及导函数的连续性.

1.4.6　导数与函数的单调性

定义 1.4.10　设函数 f 在区间 I 上有定义.

(i) 如果对区间 I 上任意两点 x_1 和 x_2, 当 $x_1 < x_2$ 时, 有 $f(x_1) \leqslant f(x_2)$, 则称函数 f 在 I 上**单调递增**;

特别地, 当 $x_1 < x_2$ 时, 有 $f(x_1) < f(x_2)$, 则称 f 在 I 上**严格单调递增**.

(ii) 如果对区间 I 上任意两点 x_1 和 x_2, 当 $x_1 < x_2$ 时, 有 $f(x_1) \geqslant f(x_2)$, 则称函数 f 在 I 上**单调递减**;

特别地, 当 $x_1 < x_2$ 时, 有 $f(x_1) > f(x_2)$, 则称 f 在 I 上**严格单调递减**.

单调递增函数和单调递减函数统称为**单调函数**.

注: (1) 我们说函数是单调函数时一定要指出其所在的区间.

(2) 对严格单调函数而言, 在其严格单调区间内, 不同点处的函数值不同.

习题 1.4.7　向下取整函数在 $\mathbb{R}$ 上单调递增, 但不是严格的.

定理 1.4.11 设 I 是 $\mathbb{R}$ 中的一个非平凡区间, 函数 f 在 I 上可导.

(i) f 在 I 上单调递增 $\Longleftrightarrow \forall x \in I, f'(x) \geqslant 0$.

(ii) f 在 I 上单调递减 $\Longleftrightarrow \forall x \in I, f'(x) \leqslant 0$.

(iii) 如果对所有 $x \in I$, 有 $f'(x) > 0$, 则 f 在 I 上严格单调递增.

(iv) 如果对所有 $x \in I$, 有 $f'(x) < 0$, 则 f 在 I 上严格单调递减.

注: (1) "平凡区间"是指退化为空集 ($(a,a) = \varnothing$) 或单点集 ($[a,a] = \{a\}$) 的区间. 所以"非平凡区间"也就是长度严格大于 0 的区间.

(2) 定理中的 (iii) 和 (iv) 给出了函数严格单调递增和递减的一个充分条件, 但不是必要的! 事实上, 若 f 在区间 I 上严格单调递增(递减), 未必有 $\forall x \in I,\ f'(x) > 0\ (< 0)$. 例如 $f:\ x \mapsto x^3$ 在 $[-1,1]$ 上严格单调递增, 但 $f'(0) = 0$.

(3) 如果 f 在 $[a,b]$ 上连续, 在 (a,b) 内可导, 那么, 定理中的四个结论在 $[a,b]$ 上仍然成立. 例如, $x \mapsto \sqrt{x}$ 在 $[0,1]$ 上连续, 在$(0,1)$ 内可导(它在 0 处不可导), 并且在 $(0,1)$ 上其导函数 $x \mapsto \dfrac{1}{2\sqrt{x}}$ 恒为严格大于零, 因此它在 $[0,1]$ 上严格单调递增.

例 1.4.8 确定函数 $f:\ x \mapsto 2x^3 - 3x^2 - 12x + 7$ 的单调区间.

解: 函数 f 是多项式函数, 其定义域是 $\mathbb{R}$, 且在 $\mathbb{R}$ 上可导从而连续.

设 $x \in \mathbb{R}$, 则有 $f'(x) = 6x^2 - 6x - 12 = 6(x+1)(x-2)$.

所以有: $f'(x) = 0 \iff x = -1$ 或 $x = 2$, 即 f' 的零点为 -1 和 2, 它们把 $\mathbb{R}$ 分割成三个区间 : $(-\infty,-1]$, $[-1,2]$ 及 $[2,+\infty)$.

$$f'(x) > 0 \iff 6(x+1)(x-2) > 0 \Longleftrightarrow x < -1 \text{ 或 } x > 2$$

$$f'(x) < 0 \iff 6(x+1)(x-2) < 0 \Longleftrightarrow -1 < x < 2.$$

因此, 函数 f 分别在区间 $(-\infty,-1]$ 和 $[2,+\infty)$ 上严格单调递增, 在区间 $[-1,2]$ 上严格单调递减.

在区间端点处的函数值为 : $f(-1) = 14$ 和 $f(2) = -13$.

又因为对任意 $x \in \mathbb{R}$, $f(x) = x^3 \cdot \left(2 - \dfrac{3}{x} - \dfrac{12}{x^2} + \dfrac{7}{x^3}\right)$.

根据参考极限 $\lim\limits_{x\to+\infty} \dfrac{1}{x} = \lim\limits_{x\to-\infty} \dfrac{1}{x} = 0$ 以及极限运算法则, 我们有

$$\lim_{\substack{x\to+\infty \\ (\text{或 } -\infty)}} \left(2 - \frac{3}{x} - \frac{12}{x^2} + \frac{7}{x^3}\right) = 2 > 0,$$

又因为 $\lim\limits_{x\to+\infty} x^3 = +\infty$ 和 $\lim\limits_{x\to-\infty} x^3 = -\infty$, 从而有

$$\lim_{x\to+\infty} f(x) = +\infty, \quad \lim_{x\to-\infty} f(x) = -\infty.$$

综合以上分析, 我们得到 f 的单调性表格.

x	$-\infty$		-1		2		$+\infty$
$f'(x)$		$+$	0	$-$	0	$+$	
f	$-\infty$	$\nearrow$	14	$\searrow$	-13	$\nearrow$	$+\infty$

习题 1.4.9　确定函数 $g: x \mapsto \dfrac{x}{x^2+1}$ 的单调区间.

习题 1.4.10　在 $\mathbb{R}^2$中解方程组 : $\begin{cases} x + x^5 = y + y^5, \\ x^2 + xy + y^2 = 27. \end{cases}$

1.4.7　高阶导数

如果函数 f 在区间 (a,b) 内是可导的, 我们可以通过求导运算得到其导函数 f'. 如果 f' 在 (a,b) 仍是可导的, 我们可以对 f' 求导, 得到 f' 的导数, 记为f'', 读作f 的二阶导数. 如果二阶导数 f'' 仍是可导的, 继续求导得到三阶导数 f'''. 更高阶的导数依次类推. 一般地, 四阶导数记为 $f^{(4)}$, 五阶导数记为 $f^{(5)}$, $(n-1)$ 阶导数的导数叫做 n 阶导数, 记作 $f^{(n)}$, 等等.

例如, 定义函数 f 满足

$$\forall x \in \mathbb{R}, \quad f(x) = 2x^4 + 3x^3 - 7x^2 + 5x - 8.$$

则 f 在 $\mathbb{R}$ 上无穷阶可导, 并且

$$\begin{aligned}
&\forall x \in \mathbb{R}, \quad f'(x) = 8x^3 + 9x^2 - 14x + 5, \\
&\forall x \in \mathbb{R}, \quad f''(x) = 24x^2 + 18x - 14, \\
&\forall x \in \mathbb{R}, \quad f'''(x) = 48x + 18, \\
&\forall x \in \mathbb{R}, \quad f^{(4)}(x) = 48, \\
&\forall x \in \mathbb{R}, \quad f^{(5)}(x) = 0.
\end{aligned}$$

对任意自然数 $n \geqslant 5$ 有 $\forall x \in \mathbb{R},\ f^{(n)}(x) = 0$.

高阶导数也有相应的 Leibniz 记号, 见表 1.1.

表 1.1 函数 $y: x \mapsto f(x)$ 的各阶导数的记法

导数	一阶 f'	二阶 f''	三阶 f'''	四阶 $f^{(4)}$	$\cdots$	n 阶 $f^{(n)}$
Leibniz记号	$\dfrac{\mathrm{d}f}{\mathrm{d}x}$	$\dfrac{\mathrm{d}^2 f}{\mathrm{d}x^2}$	$\dfrac{\mathrm{d}^3 f}{\mathrm{d}x^3}$	$\dfrac{\mathrm{d}^4 f}{\mathrm{d}x^4}$	$\cdots$	$\dfrac{\mathrm{d}^n f}{\mathrm{d}x^n}$

注: 我们引进几个常用的记号. 设 I 是一个区间.

(1) 我们记 $C^0(I)$ 为所有在 I 上连续的函数的集合.

(2) 对 $n \in \mathbb{N}^*$, 我们记 $D^n(I)$ 为所有在 I 上 n 阶可导的函数的集合; 记 $C^n(I)$ 为所有在 I 上 n 阶可导并且 n 阶导函数在 I 上连续的函数的集合, 即

$$f \in C^n(I) \iff f \in D^n(I) \text{ 并且 } f^{(n)} \in C^0(I).$$

实际上, 若 $f \in C^n(I)$, 则 $\forall k \in [\![0, n]\!],\ f^{(k)} \in C^0(I)$. 这是因为可导必连续. ①

(3) 我们记 $C^\infty(I)$ 为所有在 I 上任意阶可导并且其任意阶导函数在 I 上连续的函数的集合, 即 $f \in C^\infty(I) \iff \forall n \in \mathbb{N},\ f \in C^n(I)$.

1.5 原函数与不定积分

1.4 节中我们学习了如何求一个函数的导函数. 本节将学习它的反问题 (或逆问题), 即要寻求一个可导函数, 使它的导函数等于已知函数. 这是积分学的基本问题之一.

1.5.1 定义与性质

定义 1.5.1 设函数 f 与 F 都在区间 I 上有定义. 若 F 在 I 上可导, 并且

$$\forall x \in I,\ F'(x) = f(x),$$

则称 F 为 f 在区间 I 上的一个*原函数*.

例 1.5.1 不难看出, sin 是 cos 在 $\mathbb{R}$ 上的一个原函数; 函数 $F: x \mapsto x^2$ 和 $G: x \mapsto x^2 + 1$ 都是 $f: x \mapsto 2x$ 在 $\mathbb{R}$ 上的原函数.

① 符号 $[\![\,,\,]\!]$ 表示整数区间, 即 $[\![m, n]\!] := \mathbb{Z} \cap [m, n]$, 其中 $m, n \in \mathbb{Z}$.

引理 1.5.2　若函数 f 在区间 I 上可导, 且

$$\forall x \in I,\ f'(x) = 0,$$

则 f 为区间 I 上的一个常函数, 即存在常数 C 使得 $\forall x \in I,\ f(x) = C$.

注: 当 I 不是一个区间时, 上述引理结论不一定成立. 例如,
函数 $f:\ x \mapsto \begin{cases} 1, & x > 0, \\ -1, & x < 0 \end{cases}$ 在 $\mathbb{R}^*$ 上可导且 $f' = 0$, 但 f 在 $\mathbb{R}^*$ 上不是常值函数.

由原函数的定义和上述引理容易得到下面的定理.

定理 1.5.3 (原函数的性质)　设 F 是 f 在区间 I 上的一个原函数, 则

(i) 对任意常函数 C, $F + C$ 是 f 在 I 上的一个原函数;

(ii) f 在 I 上的任意两个原函数之间, 只相差一个常函数.

例 1.5.2　定义函数 f 满足 : $\forall x \in \mathbb{R},\ f(x) = \begin{cases} x+1, & x \in [0, +\infty)\,, \\ x, & x \in (-\infty, 0)\,. \end{cases}$ f 在 $\mathbb{R}$ 上连续吗? 有原函数吗?

解: 由多项式函数的极限容易得到: $\lim\limits_{\substack{x \to 0 \\ x > 0}} f(x) = \lim\limits_{\substack{x \to 0 \\ x > 0}} (x+1) = 1 \neq 0 = \lim\limits_{\substack{x \to 0 \\ x < 0}} x = \lim\limits_{\substack{x \to 0 \\ x < 0}} f(x)$, 即 f 在 0 处的左右极限不相等, 所以在 0 处不连续. 因此, $\boxed{f \text{ 在 } \mathbb{R} \text{ 上不连续.}}$

假设 f 在 $\mathbb{R}$ 上存在原函数. 设 $F:\ \mathbb{R} \longrightarrow \mathbb{R}$ 是 f 在 $\mathbb{R}$ 上的一个原函数. 则有 F 在 $\mathbb{R}$ 上可导且 $F' = f$, 从而 F 在 $\mathbb{R}$ 上连续.

当 $x \in (0, \infty)$ 时, $f(x) = x + 1$. 函数 $x \mapsto \dfrac{1}{2}x^2 + x$ 是 f 在 $(0, \infty)$ 上的一个原函数;

当 $x \in (-\infty, 0)$ 时, $f(x) = x$. 函数 $x \mapsto \dfrac{1}{2}x^2$ 是 f 在 $(-\infty, 0)$ 上的一个原函数.

因此存在常数 c_1 和 c_2 使得

$$\forall x \in \mathbb{R}^*, \quad F(x) = \begin{cases} \dfrac{1}{2}x^2 + x + c_1, & x > 0, \\[2ex] \dfrac{1}{2}x^2 + c_2, & x < 0. \end{cases}$$

所以, $\lim\limits_{\substack{x \to 0 \\ x > 0}} F(x) = \lim\limits_{\substack{x \to 0 \\ x > 0}} \left(\dfrac{1}{2}x^2 + x + c_1\right) = c_1$ 和 $\lim\limits_{\substack{x \to 0 \\ x < 0}} F(x) = \lim\limits_{\substack{x \to 0 \\ x < 0}} \left(\dfrac{1}{2}x^2 + c_2\right) = c_2$. 由于 F

在 0 处连续, 所以有 $c_1 = c_2 = F(0)$. 因此, 存在常数 c 使得

$$\forall x \in \mathbb{R},\ F(x) = \begin{cases} \dfrac{1}{2}x^2 + x + c, & x \geqslant 0\,, \\ \dfrac{1}{2}x^2 + c, & x < 0\,. \end{cases}$$

设 $x \in \mathbb{R}$. 当 $x > 0$ 时, $\dfrac{F(x) - F(0)}{x - 0} = \dfrac{\left(\dfrac{1}{2}x^2 + x + c\right) - c}{x} = \dfrac{1}{2}x + 1.$

而 $\lim\limits_{\substack{x \to 0 \\ x > 0}} \left(\dfrac{1}{2}x + 1\right) = 1$, 所以 F 在 0 处右可导且 $F'_+(0) = 1$.

当 $x < 0$ 时, $\dfrac{F(x) - F(0)}{x - 0} = \dfrac{\left(\dfrac{1}{2}x^2 + c\right) - c}{x} = \dfrac{1}{2}x$, 而 $\lim\limits_{\substack{x \to 0 \\ x < 0}} \dfrac{1}{2}x = 0$, 所以 F 在 0 处左可导且 $F'_-(0) = 0$.

F 在 0 处的左右导数不相等, 所以 F 在 0 处不可导. 这与 F 在 $\mathbb{R}$ 上可导相矛盾. 故假设不成立, 即 $\boxed{f \text{ 在 } \mathbb{R} \text{ 上不存在原函数.}}$

习题 1.5.3 定义函数 F 满足 : $\forall x \in \mathbb{R},\ F(x) = \begin{cases} x^2 \sin\left(\dfrac{1}{x}\right), & x \neq 0\,, \\ 0, & x = 0\,. \end{cases}$ F 在 $\mathbb{R}$ 上可导吗? 导函数连续吗?

问题: 通过上述例题和习题的结论, 您有什么发现?

注: 研究原函数必须解决下面两个重要问题 :

(1) 满足什么条件的函数必定存在原函数?

(2) 若已知某个函数的原函数存在, 怎样把它求出来?

关于第一个问题, 我们用下面的定理来回答; 至于第二个问题, 其回答则是以后要学习的各种积分方法.

定理 1.5.4 (原函数存在定理) 若函数 f 在区间 I 上连续, 则 f 在 I 上存在原函数, 即存在 I 上的一个可导函数 F 使得

$$\forall x \in I,\ F'(x) = f(x).$$

注: 该定理简单地讲就是, 一个区间上的连续函数在该区间上一定有原函数.

定义 1.5.5　函数 f 在区间 I 上的全体原函数称为 f 在 I 上的不定积分, 记作

$$\int f(x)\mathrm{d}x,$$

其中称记号 $\int$ 为积分号, f 为被积函数, $f(x)\mathrm{d}x$ 为被积表达式, x 为积分变量.

注: 上述定义说明, 不定积分与原函数是总体与个体的关系. 若 F 是 f 在区间 I 上的一个原函数, 则 f 在区间 I 上的不定积分是一个函数族

$$\{F+C,\ C \text{ 是任意常函数}\}.$$

方便起见, 我们通常将其简记为

$$\int f(x)\mathrm{d}x = F(x)+C.$$

这时又称 C 为积分常数, 它可取任一实数值. 例如, 由幂函数求导法则可知, $x \mapsto \frac{1}{3}x^3$ 是 $x \mapsto x^2$ 在 $\mathbb{R}$ 上的一个原函数, 所以

$$\int x^2\mathrm{d}x = \frac{1}{3}x^3 + C.$$

因此, 求不定积分的问题事实上就归结为求一个原函数的问题!

由原函数的定义和求导运算的线性性, 我们很容易得到下面定理.

定理 1.5.6　设函数 F 和 G 分别是函数 f 和 g 在区间 I 上的一个原函数. 设 k 是一个非零常数. 那么

(i) kF 是 kf 在区间 I 上的一个原函数;

(ii) $F+G$ 是 $f+g$ 在区间 I 上的一个原函数.

进一步, 我们有

(i′) $\int kf(x)\,\mathrm{d}x = k\int f(x)\,\mathrm{d}x$;

(ii′) $\int [f(x)+g(x)]\,\mathrm{d}x = \int f(x)\,\mathrm{d}x + \int g(x)\,\mathrm{d}x$.

1.5.2　基本积分表

我们给出一些常用函数的不定积分(其中 C 和 C_k 是任意常数):

1. $\int 0\,\mathrm{d}x = C$;

2. $\int 1\,\mathrm{d}x = \int \mathrm{d}x = x + C$;

3. $\int x^n\,\mathrm{d}x = \dfrac{x^{n+1}}{n+1} + C$, 其中 $n \in \mathbb{Z} \setminus \{-1\}$;

4. $\int \dfrac{1}{x}\,\mathrm{d}x = \ln|x| + C$; (ln 是自然对数函数, 我们将在第 2 章中学习.)

5. $\int \cos x\,\mathrm{d}x = \sin x + C$;

6. $\int \sin x\,\mathrm{d}x = -\cos x + C$;

7. $\int \dfrac{1}{\cos^2 x}\,\mathrm{d}x = \tan x + C_k$, 在区间 $\left(k\pi - \dfrac{\pi}{2}, k\pi + \dfrac{\pi}{2}\right)$ 上 (其中 $k \in \mathbb{Z}$);

8. $\int \dfrac{1}{\sin^2 x}\,\mathrm{d}x = -\cot x + C_k$, 在区间 $(k\pi, (k+1)\pi)$ 上 (其中 $k \in \mathbb{Z}$).

例 1.5.4 求 $\int (x - 2\cos x)\,\mathrm{d}x$.

解: 由基本积分表我们知道: $x \mapsto \dfrac{1}{2}x^2$ 是 $x \mapsto x$ 在 $\mathbb{R}$ 上的一个原函数; sin 是 cos 在 $\mathbb{R}$ 上的一个原函数. 所以 $x \mapsto \dfrac{1}{2}x^2 - 2\sin x$ 是被积函数 $x \mapsto x - 2\cos x$ 在 $\mathbb{R}$ 上的一个原函数. 因此有

$$\boxed{\int (x - 2\cos x)\,\mathrm{d}x = \frac{1}{2}x^2 - 2\sin x + C.}$$

例 1.5.5 求 $\int \dfrac{2x^4 + 2x^3 + 3}{x+1}\,\mathrm{d}x$.

解: 被积函数 $f:\ x \mapsto \dfrac{2x^4 + 2x^3 + 3}{x+1}$ 是有理函数, 分别在区间 $I_1 = (-\infty, -1)$ 和 $I_2 = (-1, +\infty)$ 上连续. 因此 f 分别在区间 I_1 和 I_2 上存在原函数.

设 $k \in \{1, 2\}$, $x \in I_k$. 我们有 $\dfrac{2x^4 + 2x^3 + 3}{x+1} = 2x^3 + \dfrac{3}{x+1}$.

$x \mapsto \dfrac{1}{4}x^4$ 是 $x \mapsto x^3$ 在 I_k 上的一个原函数; $x \mapsto \ln|x+1|$ 是 $x \mapsto \dfrac{1}{x+1}$ 在 I_k 上的一个原函数. 所以 $x \mapsto \dfrac{1}{2}x^4 + 3\ln|x+1|$ 是被积函数在 I_k 上的一个原函数. 因此, 在 I_k 上有

$$\boxed{\int \frac{2x^4 + 2x^3 + 3}{x+1}\,\mathrm{d}x = \frac{1}{2}x^4 + 3\ln|x+1| + C_k \quad (\text{其中 } C_k \text{ 是任意常数}).}$$

注意: 积分常数 C_k 往往与区间 I_k 相关!

习题 1.5.6 求下列不定积分:

$$(1)\int \frac{\mathrm{d}x}{x^3};\quad (2)\int (x+1)^2\mathrm{d}x;\quad (3)\int \sin^2\left(\frac{x}{2}\right)\mathrm{d}x\,;\quad (4)\int \frac{1}{\sqrt{x}}\mathrm{d}x.$$

习题 1.5.7 求下列不定积分:

$$(1)\ \int (3x^2+4x)\,\mathrm{d}x;\qquad (2)\ \int \left(\frac{1}{\sqrt{u}}-3u+14\right)\mathrm{d}u.$$

1.6 定 积 分

1.6.1 定积分的定义和几何意义

定义 1.6.1 设 $a\in\mathbb{R}$, $b\in\mathbb{R}$ 且 $a<b$. 设函数 f 在 $[a,b]$ 上连续, F 是 f 在 $[a,b]$ 上的一个原函数, 则 f 在 $[a,b]$ 上的定积分定义为

$$\int_a^b f(x)\,\mathrm{d}x = F(b)-F(a).$$

注: (1) 在定积分的记号 $\int_a^b f(x)\,\mathrm{d}x$ 中, a 叫做积分下限, b 叫做积分上限, 区间 $[a,b]$ 叫做积分区间, f 叫做被积函数, $f(x)\mathrm{d}x$ 叫做被积表达式.

(2) 我们常用记号 $\Big[F(x)\Big]_a^b$ 表示 $F(b)-F(a)$, 于是

$$\int_a^b f(x)\,\mathrm{d}x = \Big[F(x)\Big]_a^b.$$

这个公式通常称为微积分基本公式或 Newton–Leibniz 公式(牛顿-莱布尼茨公式).

(3) 若 $f\in C^0(I)$, $[a,b]\subset I$, 则我们可以定义 $\int_a^b f(x)\,\mathrm{d}x$.

(4) 定积分 $\int_a^b f(x)\,\mathrm{d}x$ 是一个数, 而不是函数!

我们知道, 闭区间上的一个连续函数的原函数有无数多个, 那么定义 1.6.1 是否恰当呢? 下面的命题告诉我们, 一个函数的定积分只与被积函数 f 以及积分区间 $[a,b]$ 有关, 而与选择 f 的哪个原函数无关.

命题 1.6.2 设函数 f 在 $[a,b]$ 上连续. 那么其定积分 $\int_a^b f(x)\,\mathrm{d}x$ 的值只与 f, a, b 有关, 而与所选择的原函数无关. 也就是说, 对于 f 的任意两个原函数 F 和 G, 都有 $\int_a^b f(x)\,\mathrm{d}x = F(b) - F(a) = G(b) - G(a)$.

证明:

设 F 和 G 都是 f 在 $[a,b]$ 上的原函数, 则存在常函数 C 使得 $F = G + C$. 从而有

$$\int_a^b f(x)\,\mathrm{d}x = F(b) - F(a) = (G(b) + C) - (G(a) + C) = G(b) - G(b). \boxtimes$$

例 1.6.1 求定积分 $\int_0^{\pi} \sin(x)\,\mathrm{d}x$.

解: 因为 sin 在 $[0,\pi]$ 上连续, 所以 $\int_0^{\pi} \sin(x)\,\mathrm{d}x$ 有定义.

$-\cos$ 是 sin 在 $[0,\pi]$ 上的一个原函数, 因此有

$$\int_0^{\pi} \sin(x)\,\mathrm{d}x = \Big[-\cos(x)\Big]_0^{\pi} = -\cos(\pi) - (-\cos(0)) = -(-1) - (-1) = 2.$$

注: 关于定积分的定义, 需要再说明以下几点.

(1) **定积分的几何意义:** 它表示介于 x 轴、曲线 $y = f(x)$ 及直线 $x = a$, $x = b$ 之间的各部分面积的代数和, 即在 x 轴上方的面积取正值, 在 x 轴下方的面积取负值. 我们称之为“代数面积”.

(2) 对于给定的 f 和 a, b, 定积分 $\int_a^b f(x)\,\mathrm{d}x$ 是个数, 它仅依赖于被积函数和积分上、下限, 而与积分变量的符号无关, 也就是

$$\int_a^b f(x)\,\mathrm{d}x = \int_a^b f(u)\,\mathrm{d}u = \int_a^b f(t)\,\mathrm{d}t.$$

(3) 我们约定:

$$当\ a = b\ 时, \qquad \int_a^b f(x)\,\mathrm{d}x = 0,$$

$$当\ a > b\ 时, \qquad \int_a^b f(x)\,\mathrm{d}x = -\int_b^a f(x)\,\mathrm{d}x.$$

例 1.6.2 我们很容易得到

(1) $\forall c \in \mathbb{R}, \int_a^b c\,\mathrm{d}x = \Big[cx\Big]_a^b = c(b-a)$;

(2) $\int_a^b x\,\mathrm{d}x = \left[\frac{1}{2}x^2\right]_a^b = \frac{b^2-a^2}{2} = \frac{(a+b)(b-a)}{2}$.

1.6.2　定积分的基本性质

定理 1.6.3 设 $a, b, c \in \mathbb{R}$, $a < c < b$. 定积分具有以下性质:

(i) **(定积分的线性性)** 设函数 f 和 g 在区间 $[a,b]$ 上连续, k_1 和 k_2 是任意实数, 则

$$\int_a^b [k_1 f(x) + k_2 g(x)]\,\mathrm{d}x = k_1 \int_a^b f(x)\,\mathrm{d}x + k_2 \int_a^b g(x)\,\mathrm{d}x.$$

(ii) **(积分区间的可加性)** 若 f 在 $[a,c]$ 和 $[c,b]$ 上连续, 则 f 在 $[a,b]$ 上连续, 且

$$\int_a^b f(x)\,\mathrm{d}x = \int_a^c f(x)\,\mathrm{d}x + \int_c^b f(x)\,\mathrm{d}x.$$

(iii) **(定积分的保号性)** 设 f 在区间 $[a,b]$ 上连续, 且 $\forall x \in [a,b]$, $f(x) \geqslant 0$, 则

$$\int_a^b f(x)\,\mathrm{d}x \geqslant 0.$$

(iv) **(定积分的单调性)** 设 f 和 g 在 $[a,b]$ 上连续, 且 $\forall x \in [a,b]$, $f(x) \leqslant g(x)$, 则

$$\int_a^b f(x)\,\mathrm{d}x \leqslant \int_a^b g(x)\,\mathrm{d}x.$$

证明:

(i) 可以由定积分的定义直接证得. 留作练习.

(ii) 因为 f 在闭区间上连续是指 f 在开区间内连续且在左端点右连续和在右端点左连续, 所以 $\lim\limits_{\substack{x\to c\\ x<c}} f(x) = f(c) = \lim\limits_{\substack{x\to c\\ x>c}} f(x)$, 所以 f 在 c 连续. 因此 f 在 $[a,b]$ 上连续, 从而存在原函数.

设 F 是 f 在 $[a,b]$ 上的一个原函数. 由定积分的定义得

$$\begin{aligned}\int_a^b f(x)\,\mathrm{d}x &= F(b)-F(a)\\ &= (F(b)-F(c))+(F(c)-F(a))\\ &= \int_a^c f(x)\,\mathrm{d}x+\int_c^b f(x)\,\mathrm{d}x.\end{aligned}$$

(iii) 由 f 在 $[a,b]$ 上连续知, f 在 $[a,b]$ 上存在原函数. 设 F 是 f 在 $[a,b]$ 上的一个原函数, 则 $\forall x\in[a,b]$, $F'(x)=f(x)\geqslant 0$. 因此 F 在 $[a,b]$ 上单调递增, 所以 $\int_a^b f(x)\,\mathrm{d}x=F(b)-F(a)\geqslant 0$.

(iv) 提示：将 (iii) 应用到函数 $g-f$. 留作练习. ⊠

习题 1.6.3 计算 $\int_{-1}^2 (4x-6x^2)\,\mathrm{d}x$.

由定积分的定义和原函数的性质, 我们很容易得到下面这个重要的定理.

定理 1.6.4 设函数 f 在区间 I 上连续, $a\in I$. 定义区间 I 上的函数 Φ 满足

$$\forall x\in I,\ \Phi(x)=\int_a^x f(t)\,\mathrm{d}t.$$

则 Φ 在 I 上可导, 且

$$\forall x\in I,\ \Phi'(x)=f(x).$$

注: 这个定理表明, 如果函数 f 在区间 I 上连续, 则函数 $\Phi:\ x\mapsto\int_a^x f(t)\,\mathrm{d}t$ (通常叫做 f 的变上限积分) 就是 f 在 I 上的一个原函数且满足 $\Phi(a)=0$.

1.6.3 定积分的计算

定理 1.6.5 (换元积分法) 设 $a,b\in\mathbb{R}$, $a<b$. 设函数 $\varphi\in C^1([a,b])$, φ 的值域为 $\mathcal{R}_\varphi$, 函数 f 在包含 $\mathcal{R}_\varphi$ 的一个区间 I 上连续, 则

$$\int_a^b f(\varphi(x))\varphi'(x)\,\mathrm{d}x=\int_{\varphi(a)}^{\varphi(b)} f(u)\,\mathrm{d}u.$$

证明:

因为 f 在 I 上连续, 所以存在原函数. 设 F 是 f 在 I 上的一个原函数.
一方面, 由定积分的定义得

$$\int_{\varphi(a)}^{\varphi(b)} f(u)\,\mathrm{d}u = \Big[F(u)\Big]_{\varphi(a)}^{\varphi(b)} = F(\varphi(b)) - F(\varphi(a)).$$

另一方面, 对于 $x \in [a,b]$, φ 在 x 可导, $\varphi(x) \in I$, 从而 F 在 $\varphi(x)$ 可导.
由复合函数求导法则, $F \circ \varphi$ 在 x 可导, 并且

$$(F \circ \varphi)'(x) = F'(\varphi(x))\varphi'(x) = f(\varphi(x))\varphi'(x),$$

即 $F \circ \varphi$ 是函数 $x \mapsto f(\varphi(x))\varphi'(x)$ 在$[a,b]$上的一个原函数, 由定积分定义得

$$\int_a^b f(\varphi(x))\varphi'(x)\,\mathrm{d}x = \Big[F(\varphi(x))\Big]_a^b = F(\varphi(b)) - F(\varphi(a)).$$

因此

$$\int_a^b f(\varphi(x))\varphi'(x)\,\mathrm{d}x = \int_{\varphi(a)}^{\varphi(b)} f(u)\,\mathrm{d}u.$$

⊠

注: 作变量替换时, 一定要记得相应地改变积分的上下限.

例 1.6.4　求定积分 $\displaystyle\int_0^1 \sin(3x)\,\mathrm{d}x$.

解: 函数 $x \mapsto \sin(3x)$ 在 $[0,1]$ 上连续, 从而 $\displaystyle\int_0^1 \sin(3x)\,\mathrm{d}x$ 有定义. 我们有

$$\begin{aligned}\int_0^1 \sin(3x)\,\mathrm{d}x &= \int_0^1 \frac{1}{3}\sin(3x) \times 3\,\mathrm{d}x \\ &= \frac{1}{3}\int_0^3 \sin u\,\mathrm{d}u \qquad \left(\begin{array}{r}\text{换元积分}: \varphi:\ x \mapsto 3x \in C^1([0,1]) \\ \varphi':\ x \mapsto 3;\ \ \sin \in C^0(\mathbb{R}).\end{array}\right) \\ &= \frac{1}{3}\Big[-\cos u\Big]_0^3 \\ &= \frac{1}{3}(1-\cos 3).\end{aligned}$$

习题 1.6.5　求下列定积分:

(1)　$\displaystyle\int_0^1 \frac{x+1}{(x^2+2x+6)^2}\,\mathrm{d}x$;

(2) $\int_{0}^{\frac{\pi}{4}} \sin^3(2x)\cos(2x)\,\mathrm{d}x$;

(3) $\int_{\frac{\pi^2}{9}}^{\frac{\pi^2}{4}} \frac{\cos(\sqrt{x})}{\sqrt{x}}\,\mathrm{d}x$.

习题 1.6.6 设 $f:\mathbb{R}\longrightarrow\mathbb{R}$ 是 T-周期的连续函数. 证明:

$$\forall a\in\mathbb{R},\quad \int_a^{a+T} f(x)\,\mathrm{d}x = \int_0^T f(x)\,\mathrm{d}x.$$

定理 1.6.6 (分部积分法) 设 $a,b\in\mathbb{R}$, $a<b$. 设函数 $u,\ v\in C^1([a,b])$, 则有分部积分公式

$$\int_a^b u(x)v'(x)\,\mathrm{d}x = \Big[u(x)v(x)\Big]_a^b - \int_a^b u'(x)v(x)\,\mathrm{d}x.$$

证明:

因为 $u,\ v\in C^1([a,b])$, 从而可导, 由函数乘积的求导法则得

$$\forall x\in[a,b],\quad (uv)'(x) = u'(x)v(x)+u(x)v'(x),$$

其中 uv, $u'v$, 和 uv' 都在 $[a,b]$ 上连续. 因此在 $[a,b]$ 上积分得

$$\int_a^b (uv)'(x)\,\mathrm{d}x = \int_a^b \big(u'(x)v(x)+u(x)v'(x)\big)\,\mathrm{d}x.$$

由定积分的定义及线性性, 得

$$\Big[u(x)v(x)\Big]_a^b = \int_a^b u'(x)v(x)\,\mathrm{d}x + \int_a^b u(x)v'(x)\,\mathrm{d}x\,,$$

移项即得所要证明的公式. ⊠

例 1.6.7 求定积分 : $\int_1^2 x\ln x\,\mathrm{d}x$. $\Big($提示 : 自然对数函数 ln 是 $(0,+\infty)$ 上的 $\mathcal{C}^\infty$ 函数且 $\ln' = \left(x\mapsto \frac{1}{x}\right)\Big)$.

解: 函数 $x\mapsto x\ln x$ 在 $[1,2]$ 上连续, 从而 $\int_1^2 x\ln x\,\mathrm{d}x$ 有定义.

令 $u:\ x\mapsto \frac{1}{2}x^2$, $v=\ln$, 则 $u,v\in C^1([1,2])$, 且 $u':\ x\mapsto x$, $v':\ x\mapsto \frac{1}{x}$.

所以有

$$\begin{aligned}
\int_1^2 x\ln x\,\mathrm{d}x &= \int_1^2 u'(x)v(x)\,\mathrm{d}x \\
&= \Big[u(x)v(x)\Big]_1^2 - \int_1^2 u(x)v'(x)\,\mathrm{d}x \quad \text{(分部积分公式)} \\
&= \left[\frac{1}{2}x^2\ln x\right]_1^2 - \int_1^2 \frac{1}{2}x^2\cdot\frac{1}{x}\,\mathrm{d}x \\
&= \frac{1}{2}(4\ln 2 - 0) - \frac{1}{2}\int_1^2 x\,\mathrm{d}x \\
&= 2\ln 2 - \frac{1}{2}\left[\frac{1}{2}x^2\right]_1^2 \\
&= 2\ln 2 - \frac{3}{4}.
\end{aligned}$$

习题 1.6.8　求定积分: $\displaystyle\int_0^1 x\sin x\,\mathrm{d}x$.

第 2 章 常用函数

2.1 有理函数、对数函数、指数函数和幂函数

2.1.1 多项式函数和有理函数

定义 2.1.1 我们称函数 P 是 $\mathbb{R}$ 上的一个实系数多项式函数, 如果存在 $n \in \mathbb{N}$ 和 $n+1$ 个实数 $a_0, \cdots, a_n$, 使得 P 满足

$$\forall x \in \mathbb{R},\ P(x) = \sum_{k=0}^{n} a_k x^k.$$

我们称 $a_0, \cdots, a_n$ 为该多项式函数的系数. 进一步, 如果 $a_n \neq 0$, 那么我们称 P 是 n 阶的, 记作 $\deg P = n$.

例 2.1.1 设函数 f 满足 : $\forall x \in \mathbb{R},\ f(x) = x^5 - x^2 + x - 6$. 则 f 是一个实系数多项式函数.

命题 2.1.2 设实系数多项式函数 P: $x \mapsto \sum_{k=0}^{n} a_k x^k$, 其中 $n \in \mathbb{N}$, $a_0, \cdots, a_n \in \mathbb{R}$ 且 $a_n \neq 0$. 那么我们有

$$\lim_{\substack{x \to +\infty \\ (\text{或} -\infty)}} \frac{P(x)}{a_n x^n} = 1.$$

证明:

若 $n = 0$, 则结果明显成立.
若 $n \in \mathbb{N}^*$. 设 $x \in \mathbb{R}^*$, 我们有

$$P(x) = \sum_{k=0}^{n} a_k x^k = a_n x^n \left(\sum_{k=0}^{n} \frac{a_k}{a_n x^{n-k}} \right) = a_n x^n \left(1 + \sum_{k=0}^{n-1} \frac{a_k}{a_n x^{n-k}} \right).$$

此外, $\forall k \in [\![0, n-1]\!]$, $\lim\limits_{\substack{x \to +\infty \\ (\text{或} -\infty)}} \dfrac{a_k}{a_n x^{n-k}} = 0$. 因此, 由极限运算法则得

$$\lim_{\substack{x \to +\infty \\ (\text{或} -\infty)}} \left(1 + \sum_{k=0}^{n-1} \frac{a_k}{a_n x^{n-k}}\right) = 1.$$

所以 $\lim\limits_{\substack{x \to +\infty \\ (\text{或} -\infty)}} \dfrac{P(x)}{a_n x^n} = 1$. ☒

注: 上述结论只是对 $x \to +\infty$ 或 $x \to -\infty$ 时成立, 其他情形未必成立.

定义 2.1.3　形如 $R : x \mapsto \dfrac{P(x)}{Q(x)}$ 的函数称为*有理函数*, 其中 P, Q 都是多项式函数且 $Q \neq 0$.

例 2.1.2　$f : x \mapsto \dfrac{x^2 + 5x - 1}{x - 1}$ 是有理函数, 其定义域是 $\mathbb{R} \setminus \{1\}$.

习题 2.1.3　证明 $x \mapsto \sqrt{x}$ 不是有理函数.

命题 2.1.4

(i) 任何有理函数在其定义域上可导, 并且导数仍为有理函数.

(ii) 设 $P : x \mapsto \sum\limits_{k=0}^{n} a_k x^k$ 和 $Q : x \mapsto \sum\limits_{k=0}^{p} b_k x^k$ 是两个(实系数)多项式函数, 其中 $n, p \in \mathbb{N}^*$, $a_n b_p \neq 0$, 则

$$\lim_{\substack{x \to +\infty \\ (\text{或} -\infty)}} \frac{P(x)}{Q(x)} \times \frac{b_p x^p}{a_n x^n} = 1.$$

证明:

(i) 我们知道多项式函数在 $\mathbb{R}$ 上是可导的, 从而两个多项式函数的商(即有理函数)在分母不为零的点是可导的. 由函数商的求导法则知, 若 $f = \dfrac{P}{Q}$, 则 $f' = \dfrac{P'Q - PQ'}{Q^2}$, 即 f' 仍为有理函数.

(ii) 分别对 P 和 Q 应用命题 2.1.2, 再由商的极限运算法则可得. ☒

注: 和命题 2.1.2 一样, 结论 (ii) 只对 $x \to +\infty$ 或 $x \to -\infty$ 成立.

推论 2.1.5　任何有理函数是其定义域上的 $\mathcal{C}^\infty$ 函数(也称*光滑函数*), 即在其定义域上有任意阶导数.

2.1.2 自然对数函数

定理 2.1.6 (定义) 函数 $x \mapsto \dfrac{1}{x}$ 在 $(0,+\infty)$ 上存在唯一一个满足在 1 处的值为 0 的原函数. 我们将这个原函数定义为自然对数函数, 记作 ln. 我们有

$$\forall x > 0, \ln(x) = \int_1^x \frac{\mathrm{d}t}{t}.$$

证明:

存在性:

因为函数 $f: x \mapsto \dfrac{1}{x}$ 在 $(0,+\infty)$ 上连续, 由定理1.6.4, 所以 $\Phi: x \mapsto \displaystyle\int_1^x \frac{\mathrm{d}t}{t}$ 是 f 在 $(0,+\infty)$ 上满足 $\Phi(1)=0$ 的一个原函数.

唯一性:

设 F 是 f 在 $(0,+\infty)$ 上满足 $F(1)=0$ 的一个原函数. 则存在常数 C 使得 $F=\Phi+C$. 从而有 $0=F(1)=\Phi(1)+C=0+C$, 所以 $C=0$, 也就是 $F=\Phi$.

故自然对数函数 ln 是良好定义的. ⊠

注: (1) 由定积分的几何意义可知, 对于 $x \in (1,+\infty)$, 定积分 $\displaystyle\int_1^x \frac{\mathrm{d}t}{t}$ 的值等于图 2.1 阴影部分的面积.

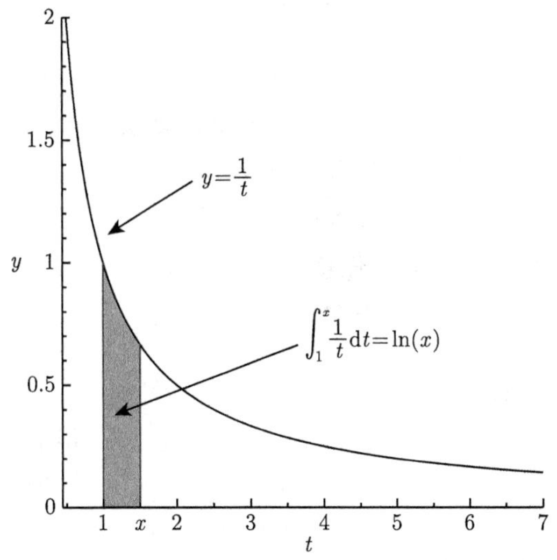

图 2.1 自然对数函数值 $\ln(x)$ 当 $x > 1$时的几何意义

(2) 由自然对数函数的定义, 我们知道 ln 在 $(0,+\infty)$ 上是可导的, 并且对任意 $x \in (0,+\infty)$, $\ln'(x) = \dfrac{1}{x} > 0$. 因此 ln 在 $(0,+\infty)$ 上严格单调递增.

命题 2.1.7 自然对数有如下运算性质:

(i) $\forall x>0,\ \forall y>0,\ \ln(xy)=\ln(x)+\ln(y)$;

(ii) $\forall x>0,\ \ln\left(\frac{1}{x}\right)=-\ln(x)$;

(iii) $\forall x>0,\ \forall y>0,\ \ln\left(\frac{y}{x}\right)=\ln(y)-\ln(x)$;

(iv) $\forall n\in\mathbb{Z},\ \forall x>0,\ \ln(x^n)=n\ln(x)$.

证明:

(i) 设 $y>0$. 定义函数 ϕ 如下 : $\forall x>0,\ \phi(x)=\ln(xy)-\ln(x)-\ln(y)$.
则 ϕ 是 $(0,+\infty)$ 上的可导函数且 $\forall x>0,\ \phi'(x)=\frac{y}{xy}-\frac{1}{x}-0=0$.
因为 $(0,+\infty)$ 是一个区间, 所以 ϕ 在 $(0,+\infty)$ 上恒为常数.
此外, $\phi(1)=0$. 所以, $\forall x\in(0,+\infty),\ \phi(x)=0$, 即 (i) 成立.

(ii) 设 $x>0$. 注意到 $x\times\frac{1}{x}=1$, 因此, $\ln\left(x\times\frac{1}{x}\right)=0$. 从而, 由 (i) 得
$0=\ln\left(x\times\frac{1}{x}\right)=\ln(x)+\ln\left(\frac{1}{x}\right)$. 移项即得 (ii).

(iii) 可由 (i) 和 (ii) 直接得出. 事实上, 设 $x>0$ 和 $y>0$. 那么,

$$\begin{aligned}\ln\left(\frac{y}{x}\right)&=\ln(y)+\ln\left(\frac{1}{x}\right) && \text{(根据 (i))}\\ &=\ln(y)-\ln(x). && \text{(根据 (ii))}\end{aligned}$$

(iv) 为证明 (iv), 我们先用数学归纳法证明结论对自然数 n 成立, 再利用 (ii) 推出结论对负整数 n 也成立.
对于 $n\in\mathbb{N}$, 将性质“$\forall x>0,\ \ln(x^n)=n\ln(x)$” 记为 $P(n)$.
<u>初始化</u> : 因为对于任意 $x>0$, $x^0=1$, 以及 $\ln(1)=0$, 所以

$$\ln(x^0)=\ln(1)=0=0\ln(x),\quad \text{即性质 } P(0) \text{ 为真}.$$

<u>归纳假设和递推</u>: 对于 $n\in\mathbb{N}$, 假设性质 $P(n)$ 为真. 设 $x>0$, 我们有

$$\begin{aligned}\ln(x^{n+1})&=\ln(x)+\ln(x^n) && \text{(根据 (i))}\\ &=\ln(x)+n\ln(x) && \text{(根据归纳假设)}\\ &=(n+1)\ln(x).\end{aligned}$$

这就意味着性质 $P(n+1)$ 为真.

因此我们用数学归纳法证明了: $\forall n\in\mathbb{N},\ \forall x>0,\ \ln(x^n)=n\ln(x)$.
若 n 是负整数, 则 $-n$ 是自然数, 利用 (ii) 和我们刚刚证得的结论得

$$\ln(x^n) = -\ln\left(\frac{1}{x^n}\right) = -\ln(x^{-n}) = -(-n)\ln(x) = n\ln(x).$$

从而完成了 (iv) 的证明. ⊠

习题 2.1.4 用证明 (i) 的方法证明 (iv).

命题 2.1.8 自然对数函数有如下极限:

(i) $\lim\limits_{x\to+\infty} \ln(x) = +\infty$;

(ii) $\lim\limits_{\substack{x\to 0\\ x>0}} \ln(x) = -\infty$;

(iii) $\lim\limits_{x\to 1} \dfrac{\ln(x)}{x-1} = 1$.

证明:

(i) 在此我们暂时承认这个结论.

(ii) 对任意实数 $x>0$, $\ln(x) = -\ln\left(\dfrac{1}{x}\right)$. 由 $\lim\limits_{\substack{x\to 0\\ x>0}} \dfrac{1}{x} = +\infty$ 和 (i), 根据复合函数极限法则得, $\lim\limits_{\substack{x\to 0\\ x>0}} \ln\left(\dfrac{1}{x}\right) = +\infty$.

所以 $\lim\limits_{\substack{x\to 0\\ x>0}} \ln(x) = \lim\limits_{\substack{x\to 0\\ x>0}} \left(-\ln\left(\dfrac{1}{x}\right)\right) = -\infty$.

(iii) 因为 $\forall x>0, \ln'(x) = \dfrac{1}{x}$, 从而有 $\ln'(1) = 1$. 利用导数的定义有

$$\lim_{x\to 1} \frac{\ln(x)}{x-1} = \ln'(1) = 1.$$

⊠

注: 对于自然对数函数 ln, 我们有如下单调性表格 (表 2.1), 其中"空心竖线"表示函数在该点没有定义.

表 2.1 ln的单调性

x	0		1		$+\infty$
$\ln'(x)$	‖		$+$		
ln	‖ $-\infty$	$\nearrow$	0	$\nearrow$	$+\infty$

由 $\ln'(1)=1$, 所以 ln 的图像在 $(1,0)$ 处切线的一个方程为: $y = x-1$ (图 2.2).

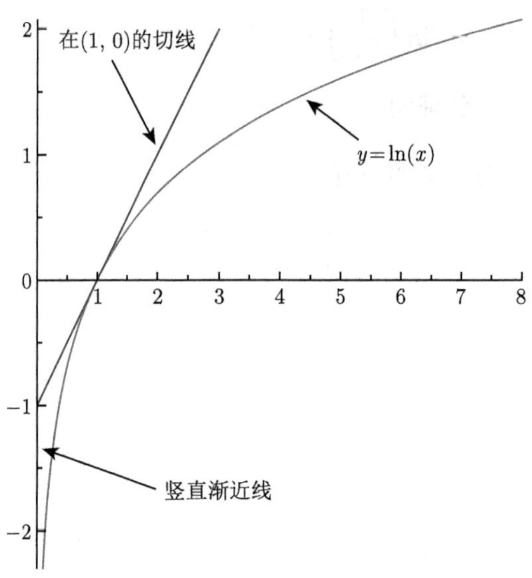

图 2.2 ln 的图像及其在(1, 0)的切线

例 2.1.5 研究函数 $f: x \mapsto \ln(x^2-3x+2)$.

解: 第一步：确定定义域和研究区域

函数 f 的定义域是满足 $x^2-3x+2>0$ 的实数 x 的集合. 二次多项式 x^2-3x+2 有两个根 $x_1=1$ 和 $x_2=2$, 且首项系数大于零, 因此

$$x^2-3x+2>0 \text{ 当且仅当 } x<1 \text{ 或 } x>2.$$

所以, $\boxed{f \text{ 的定义域是 } \mathcal{D}_f=(-\infty,1)\cup(2,+\infty).}$

该定义域不是关于原点对称的, 从而, f 既非奇函数又非偶函数, 即其图像无明显的对称性. 所以, 研究区域就是其定义域 $\mathcal{D}_f$.

第二步：定义区间端点处的函数极限

我们需要研究当 x 趋于 $+\infty$, $-\infty$, 1^- 和 2^+ 时的极限.

应用多项式函数的极限和自然对数函数的极限, 我们有

— 在 $+\infty$ 和 $-\infty$：因为 $\lim\limits_{\substack{x\to+\infty\\(\text{或}-\infty)}}(x^2-3x+2)=+\infty$ 和 $\lim\limits_{x\to+\infty}\ln(x)=+\infty$, 由复合函数极限法则得 $\boxed{\lim\limits_{\substack{x\to+\infty\\(\text{或}-\infty)}} f(x)=+\infty.}$

— 在 1^- 和 2^+：注意到在 $\mathcal{D}_f$ 上恒有 $x^2-3x+2>0$, 所以有 $\lim\limits_{\substack{x\to1\\x<1}}(x^2-3x+2)=0^+$ 和 $\lim\limits_{\substack{x\to2\\x>2}}(x^2-3x+2)=0^+$. 又因为 $\lim\limits_{\substack{x\to0\\x>0}}\ln(x)=-\infty$, 利用复合函数极限法则得 $\boxed{\lim\limits_{\substack{x\to1\\x<1}} f(x)=\lim\limits_{\substack{x\to2\\x>2}} f(x)=-\infty.}$

因而, $\boxed{\text{直线 } x=1 \text{ 和 } x=2 \text{ 是函数 } f \text{ 的图像的两条竖直渐近线.}}$

第三步：单调区间

令 $u: x \mapsto x^2-3x+2$, 则 $f=\ln u$. 因为 u 在区间 $(-\infty,1)$ 和 $(2,+\infty)$ 上可导且函数值恒大于零, 以及 ln 在 $(0,+\infty)$ 上可导. 由复合函数求导法则, f 在 $\mathcal{D}_f$ 上可导, 且

$$\forall x \in \mathcal{D}_f,\ \ f'(x)=\frac{u'(x)}{u(x)}=\frac{2x-3}{(x-1)(x-2)}.$$

由于 u 在 $\mathcal{D}_f$ 上是正的, $f'(x)$ 的符号与 $u'(x)=2x-3$ 相同, 所以

$$f'(x)>0 \text{ 当且仅当 } \left(x>\frac{3}{2} \text{ 且 } x\in\mathcal{D}_f\right) \text{ 当且仅当 } x\in(2,+\infty).$$

所以 f在 $(-\infty,1)$上严格单调递减；在 $(2,+\infty)$上严格单调递增. f 的单调性如表 2.2 所示.

表 2.2 函数 $f: x \mapsto \ln(x^2-3x+2)$ 的单调性

x	$-\infty$	1		2	$+\infty$
$f'(x)$	$-$	‖	$\times$	‖	$+$
f	$+\infty$ ↘ $-\infty$	‖	$\times$	‖	$-\infty$ ↗ $+\infty$

第四步：作图

对于 $x\in\mathcal{D}_f$, $f(x)=0 \iff x^2-3x+2=1 \iff x\in\left\{\frac{3-\sqrt{5}}{2}, \frac{3+\sqrt{5}}{2}\right\}$. 所以 f 恰有两个零点, 分别在区间 $(0,1)$ 和 $(2,3)$ 内. 根据前面所有的计算结果作图如图 2.3 所示.

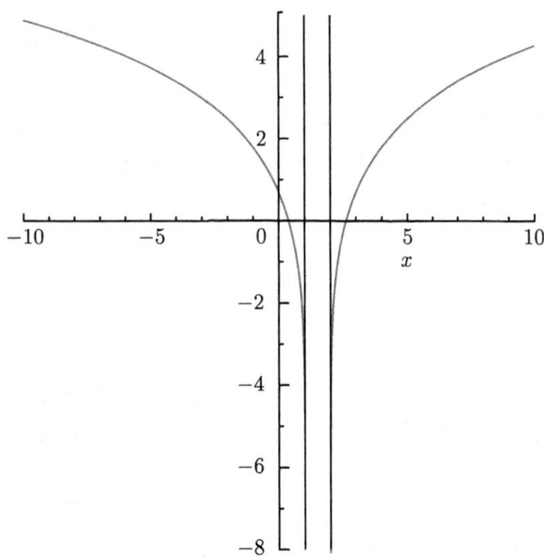

图 2.3 函数 $f: x \mapsto \ln(x^2-3x+2)$ 的图像及其渐近线

习题 2.1.6　研究函数 $g: x \mapsto \ln\left(\dfrac{x-4}{x+2}\right)$.

2.1.3　底是 b 的对数函数

定义 2.1.9　设 $b \in (0,+\infty)\setminus\{1\}$. 我们定义以 b 为底的对数函数为满足下面性质的函数 $\log_b$:

$$\forall x > 0, \log_b(x) = \frac{\ln(x)}{\ln(b)}.$$

注: 以 $b = 10$ 为底的对数函数称为常用对数函数, 以 $b = 2$ 为底的对数函数称为二进制对数函数.

由自然对数函数的性质, 我们不难验证以 b为底的对数函数有如下性质 :

命题 2.1.10　设 $b > 0$ 且 $b \neq 1$, 设 $x > 0, y > 0, n \in \mathbb{Z}$. 那么有

(i) $\log_b(xy) = \log_b(x) + \log_b(y)$;

(ii) $\log_b\left(\dfrac{1}{x}\right) = -\log_b(x)$;

(iii) $\log_b\left(\dfrac{y}{x}\right) = \log_b(y) - \log_b(x)$;

(iv) $\log_b(x^n) = n\log_b(x)$;

(v) $\log_b(1) = 0$ 和 $\log_b(b) = 1$;

(vi) $\log_b$ 在 $(0,+\infty)$ 上可导且 $\forall x \in (0,+\infty)$, $\log_b'(x) = \dfrac{1}{x\ln(b)}$.

注:　稍后我们将给出指数函数的定义, 利用指数函数, 可以这样定义常用对数函数 : $y = \log_{10}(x)$ 当且仅当 $x = 10^y$. 这种定义能很好地解释 y 是整数或有理数的情形, 但对其他情形则不然, 例如如何定义 10^π ?

2.1.4　反函数及其主要定理

定义 2.1.11　设 X 和 Y 是两个集合, $f: X \longrightarrow Y$ 是一个映射. 如果对每个 $y \in Y$, 存在唯一的 $x \in X$ 使得 $y = f(x)$, 我们就称 f 是双射(或一一映射).

例 2.1.7　证明函数 $f: \begin{array}{c}[0,+\infty) \longrightarrow [0,+\infty)\\ x \mapsto x^2\end{array}$ 是双射.

证明: 设 $y \in [0,+\infty)$ 和 $x \in [0,+\infty)$, 则有

$$\begin{aligned} f(x) = y &\iff x^2 = y \\ &\iff x \in \{\sqrt{y}\ ,\ -\sqrt{y}\} \cap \mathcal{D}_f \\ &\iff x = \sqrt{y}. \end{aligned}$$

即对每个 $y \in [0,+\infty)$, 存在唯一的 $x = \sqrt{y} \in [0,+\infty)$ 使得 $y = f(x)$. 因此 f 是双射.

例 2.1.8 证明函数 $g : x \mapsto \begin{cases} x, & x \in \mathbb{Q}, \\ 1-x, & x \in \mathbb{R} \setminus \mathbb{Q}. \end{cases}$ 是 $[0,1]$ 到 $[0,1]$ 的双射.

证明: 对于每个 $y \in [0,1]$,

<u>唯一性</u>: 假设存在 $x \in [0,1]$ 使得 $g(x) = y$, 那么由 g 的定义有

— 若 $x \in \mathbb{Q}$, 则有 $x = y$;

— 若 $x \in \mathbb{R}\backslash\mathbb{Q}$, 则有 $1 - x = y$, 从而 $x = 1 - y$.

<u>存在性</u>: 不难验证:

— 若 $y \in \mathbb{Q}$, 则 $g(y) = y$;

— 若 $y \in \mathbb{R}\backslash\mathbb{Q}$, 则 $1 - y \in [0,1]\backslash\mathbb{Q}$ 且 $g(1-y) = y$.

这就证明了对每个 $y \in [0,1]$, 存在唯一的 $x \in [0,1]$ 使得 $y = g(x)$. 因此 g 是双射.

下面给出一个实值函数是双射的一个充分条件.

定理 2.1.12 (主要定理) 设 I 是包含于函数 f 定义域内的一个区间. 如果 f 在 I 上连续且严格单调, 那么 f (限制在 I 上) 是从 I 到 $f(I)$ 的双射, 并且 $f(I)$ 也是一个区间.

注: 定理中的充分条件并不是必要的, 试举例说明.

定义 2.1.13 设 $f : X \longrightarrow Y$ 是双射. 那么, 对每个 $y \in Y$, 存在唯一的 $x \in X$ 使得 $y = f(x)$. 此时, 我们记为 $x = f^{-1}(y)$. 这就定义了一个函数 f^{-1}, 其定义域是 Y, 值域是 X. 我们称 f^{-1} 为 f 的*反函数*.

注意: 只有在已知 f 为双射的前提下, 才可以定义 f 的反函数 f^{-1}.

注: 由定义我们有: $\forall x \in X,\ f^{-1}(f(x)) = x$ 和 $\forall y \in Y,\ f(f^{-1}(y)) = y$.

定理 2.1.14　设 $f: I \longrightarrow J$ 是从区间 I 到区间 J 的严格单调的连续函数, $f(I) = J$. 设 $x \in I$. 我们有以下结论：

(i) f^{-1} 在 J 上连续；

(ii) 如果 f 在 x 可导, 且 $f'(x) \neq 0$, 则 f^{-1} 在 $y = f(x)$ 可导, 且

$$(f^{-1})'(y) = \frac{1}{f'(x)} = \frac{1}{f'(f^{-1}(y))}.$$

(iii) 如果 f 在 x 可导, 且 $f'(x) = 0$, 则 f^{-1} 在 $y = f(x)$ 不可导；但 f^{-1} 的图像在点 $(y, f^{-1}(y))$ 有一条竖直的切线.

注： 结论 (iii) 很容易理解：因为 f 和 f^{-1} 的图像关于直线 $y = x$ 对称, 所以 f 的图像的水平切线关于直线 $y = x$ 的对称就是反函数 f^{-1} 的图像的竖直切线.

推论 2.1.15　设 f 是区间 I 上的可导的双射, 并且对所有的 $x \in I$, 都有 $f'(x) \neq 0$. 那么, f^{-1} 在 $J = f(I)$ 上可导, 且 $(f^{-1})' = \dfrac{1}{f' \circ f^{-1}}$.

2.1.5　指数函数

定理 2.1.16 (定义)　自然对数函数在 $(0, +\infty)$ 上连续、严格单调递增且满足 $\lim\limits_{\substack{x \to 0 \\ x > 0}} \ln(x) = -\infty$ 和 $\lim\limits_{x \to +\infty} \ln(x) = +\infty$. 因此, 对任意给定的 $y \in \mathbb{R}$, 方程 $\ln(x) = y$ 有唯一解 $x \in (0, +\infty)$, 记为 $x = \exp(y)$. 这就定义了一个从全体实数集 $\mathbb{R}$ 到严格正实数集 $\mathbb{R}_+^* = (0, +\infty)$ 上的函数, 称之为自然指数函数, 记作 exp.

证明：

首先, 设 $y \in \mathbb{R}$. 由 ln 严格单调递增(这意味着不同点处的函数值不同)可知：若 $x, x' \in (0, +\infty)$ 满足 $\ln(x) = y = \ln(x')$, 则 $x = x'$. 这就证明了方程 $\ln(x) = y$ 至多有一个解.

其次, 注意到 ln 是连续函数, 由开区间上的介值定理1.3.7 得：对于每个 $y \in \left(\lim\limits_{\substack{x \to 0 \\ x > 0}} \ln(x), \lim\limits_{x \to +\infty} \ln(x) \right) = \mathbb{R}$, 存在 $x \in (0, +\infty)$, 使得 $\ln(x) = y$. 也就是方程 $\ln(x) = y$ 至少有一个解. ⊠

注: 自然指数函数 exp 满足: $\forall (x,y)\in (0,+\infty)\times\mathbb{R}, (y=\ln(x) \iff x=\exp(y))$.

自然指数函数是自然对数函数的反函数, 因此如下结论是明显的.

命题 2.1.17 我们有: (i) $\forall x>0,\ \exp(\ln(x))=x$; (ii) $\forall y\in\mathbb{R},\ \ln(\exp(y))=y$.

注: (1) 由 $\ln(1)=0$ 得 $\exp(0)=1$.

(2) 我们定义 $e:=\exp(1)$ (或定义 : e 是方程 $\ln(x)=1$ 的唯一解). $e\approx 2.718$.

(3) 我们经常将 $\exp(x)$ 记为 e^x.

命题 2.1.18 自然指数函数有如下运算性质:

(i) $\forall x,y\in\mathbb{R}, \exp(x+y)=\exp(x)\times\exp(y)$;

(ii) $\forall x\in\mathbb{R}, \exp(-x)=\dfrac{1}{\exp(x)}$;

(iii) $\forall x,y\in\mathbb{R}, \exp(x-y)=\dfrac{\exp(x)}{\exp(y)}$;

(iv) $\forall n\in\mathbb{Z}, \forall x\in\mathbb{R}, (\exp(x))^n=\exp(nx)$.

注: 上述结论是自然对数函数运算性质的直接推论. 需要指出的是 "ln 化乘积为求和, 而其反函数(即自然指数函数)化求和为乘积".

定理 2.1.19 自然指数函数在 $\mathbb{R}$ 上可导, 并且 $\exp'=\exp$.

证明:

- 由推论 2.1.15 可以直接推出定理结论. 留作练习.
- 此处我们给出另一个证明. 我们首先证明 exp 在 0 处可导.

$$\forall x\in\mathbb{R}^*,\quad \frac{e^x-e^0}{x-0}=\frac{e^x-1}{\ln(e^x)}=\frac{1}{\dfrac{\ln(e^x)}{e^x-1}}.$$

因为 $\lim\limits_{x\to 0}e^x=1$, $\lim\limits_{y\to 1}\dfrac{\ln(y)}{y-1}=1$, 由复合函数极限法则得 $\lim\limits_{x\to 0}\dfrac{\ln(e^x)}{e^x-1}=1\neq 0$.

再由极限运算法则可知 $\lim\limits_{x\to 0}\dfrac{e^x-e^0}{x-0}$ 存在且 $\lim\limits_{x\to 0}\dfrac{e^x-e^0}{x-0}=\dfrac{1}{1}=1$, 即 exp 在 0 可导, 且 $\exp'(0)=1$.

其次, 设 a 为任意实数. 对 $h\in\mathbb{R}^*$, 有

$$\frac{\exp(a+h)-\exp(a)}{h}=\frac{\exp(a)\exp(h)-\exp(a)}{h}=\exp(a)\cdot\frac{\exp(h)-1}{h}.$$

由于已证 exp 在 0 处可导, 从而

$$\lim_{h\to 0}\frac{\exp(h)-1}{h}=\exp'(0)=1.$$

因此, $\lim\limits_{h\to 0}\dfrac{\exp(a+h)-\exp(a)}{h}$ 存在且有限, 并且

$$\lim_{h\to 0}\frac{\exp(a+h)-\exp(a)}{h}=\exp(a)\cdot\lim_{h\to 0}\left(\frac{\exp(h)-1}{h}\right)=\exp(a).$$

这就证明了 exp 在 a 可导, 且 $\exp'(a)=\exp(a)$. ⊠

命题 2.1.20　自然指数函数有如下极限：

(i) $\lim\limits_{x\to-\infty}\exp(x)=0$;

(ii) $\lim\limits_{x\to+\infty}\exp(x)=+\infty$;

(iii) $\lim\limits_{x\to 0}\dfrac{\exp(x)-1}{x}=1$.

注: 由自然指数函数定义和定理2.1.19, 我们知道 $\exp'=\exp>0$, 也即是说, 自然指数函数在 $\mathbb{R}$ 上严格单调递增. 从而, 我们有其单调性表 (表2.3) 和图像 (图2.4).

表 2.3　自然指数函数的单调性

x	$-\infty$		$+\infty$
$\exp'(x)$		$+$	
exp	0	$\nearrow$	$+\infty$

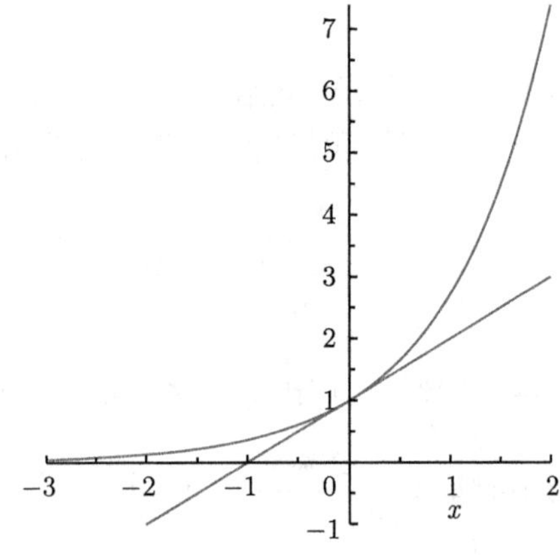

图 2.4　自然指数函数的图像

注: 在直角坐标系中, 自然指数函数与自然对数函数的图像关于直线 $y = x$ 对称.

定义 2.1.21 设 $a > 0$. 定义底为 a 的指数函数 $\exp_a$:

$$\forall x \in \mathbb{R}, \exp_a(x) = \exp(x \ln(a)).$$

对于 $x \in \mathbb{R}$, 我们也记 $\exp_a(x) = a^x$.

命题 2.1.22 设 $a > 0$, x, y 是两个实数. 我们有

$$a^x \times a^y = a^{x+y}; \qquad \frac{a^x}{a^y} = a^{x-y}; \qquad a^0 = 1.$$

命题 2.1.23 设 $a > 0$. 以 a 为底的指数函数在 $\mathbb{R}$ 上可导, 且 $\exp_a' = \ln(a) \times \exp_a$.

证明:

对于 $x \in \mathbb{R}$, 令 $u(x) = x \ln(a)$. u 和 exp 均是 $\mathbb{R}$ 上的可导函数. 由复合函数的可导性, $\exp_a = \exp \circ u$ 在 $\mathbb{R}$ 上可导且

$$\exp_a' = u' \times \exp' \circ u = \ln(a) \times \exp_a.$$

⊠

命题 2.1.24 设 $a > 0$ 且 $a \neq 1$. 那么有

$$\forall (x, y) \in (0, +\infty) \times \mathbb{R}, \quad (y = \log_a(x) \iff x = \exp_a(y)).$$

证明:

因为 $a > 0$ 且 $a \neq 1$, 所以 $\log_a$ 有定义. 设 $x > 0$ 和 $y \in \mathbb{R}$, 则

$$\begin{aligned} y = \log_a(x) &\iff y = \frac{\ln(x)}{\ln a} \\ &\iff \ln(x) = y \ln(a) \\ &\iff x = \exp(y \ln(a)) \\ &\iff x = \exp_a(y). \end{aligned}$$

⊠

习题 2.1.9 解方程 : $2^x = \dfrac{1}{8}$ 和 $\log_{\frac{1}{3}}(x) = -27$.

2.1.6　幂函数

定义 2.1.25　设 $\alpha \in \mathbb{R}$. 定义幂函数 f_α :

$$\forall x \in (0,+\infty)\,,\ f_\alpha(x) = \exp(\alpha \ln(x)).$$

为方便起见, 我们记 $f_\alpha(x) = x^\alpha$.

注: 由幂函数的定义, 我们有: $\forall \alpha \in \mathbb{R},\ 1^\alpha = 1$; $\forall x > 0,\ x^0 = 1$.

命题 2.1.26　对于幂函数, 下列结论成立 :

(i) $\forall x > 0,\ \forall y > 0,\ \forall \alpha \in \mathbb{R}, x^\alpha \times y^\alpha = (xy)^\alpha$;

(ii) $\forall x > 0, \forall \alpha \in \mathbb{R},\ \forall \beta \in \mathbb{R}, x^\alpha \times x^\beta = x^{\alpha+\beta}$;

(iii) $\forall x > 0, \forall \alpha \in \mathbb{R},\ \forall \beta \in \mathbb{R}, (x^\alpha)^\beta = x^{\alpha\beta}$;

(iv) $\forall x > 0, \forall \alpha \in \mathbb{R}, \ln(x^\alpha) = \alpha \ln x$.

证明:

这些结论只需根据对数函数和指数函数的定义和性质验证即可, 例如, 验证 (iii) 如下 :
设 α, β 为两实数, x 为一严格正的实数, 我们有

$$(x^\alpha)^\beta = \exp(\beta \ln(x^\alpha)) = \exp(\beta \ln(\exp(\alpha \ln(x)))) = \exp(\beta\alpha \ln(x)) = x^{\alpha\beta}.\quad \boxtimes$$

命题 2.1.27　对任意的 $\alpha \in \mathbb{R}$, 幂函数 f_α 在 $(0,+\infty)$ 上可导, 且

$$\forall x \in (0,+\infty)\,,\ f'_\alpha(x) = \alpha x^{\alpha-1}.$$

证明:

设 $\alpha \in \mathbb{R}$, 对于 $x > 0$, 令 $u(x) = \alpha \ln(x)$, 则 u 是 $(0,+\infty)$ 上的实值可导函数. 此外, exp 在 $\mathbb{R}$ 上可导. 由复合函数求导法则知, $f_\alpha = \exp \circ u$ 在 $(0,+\infty)$ 上可导, 且对任意 $x > 0$, 有

$$f'_\alpha(x) = u'(x) \times (\exp' \circ u)(x) = \frac{\alpha}{x} \times x^\alpha = \alpha x^{\alpha-1}.\quad \boxtimes$$

我们把幂函数的变化趋势写成下面的命题, 请读者自证!

命题 2.1.28 如果 $\alpha=0$, 则幂函数 f_α 是取值恒为 1 的常函数. 否则, 有

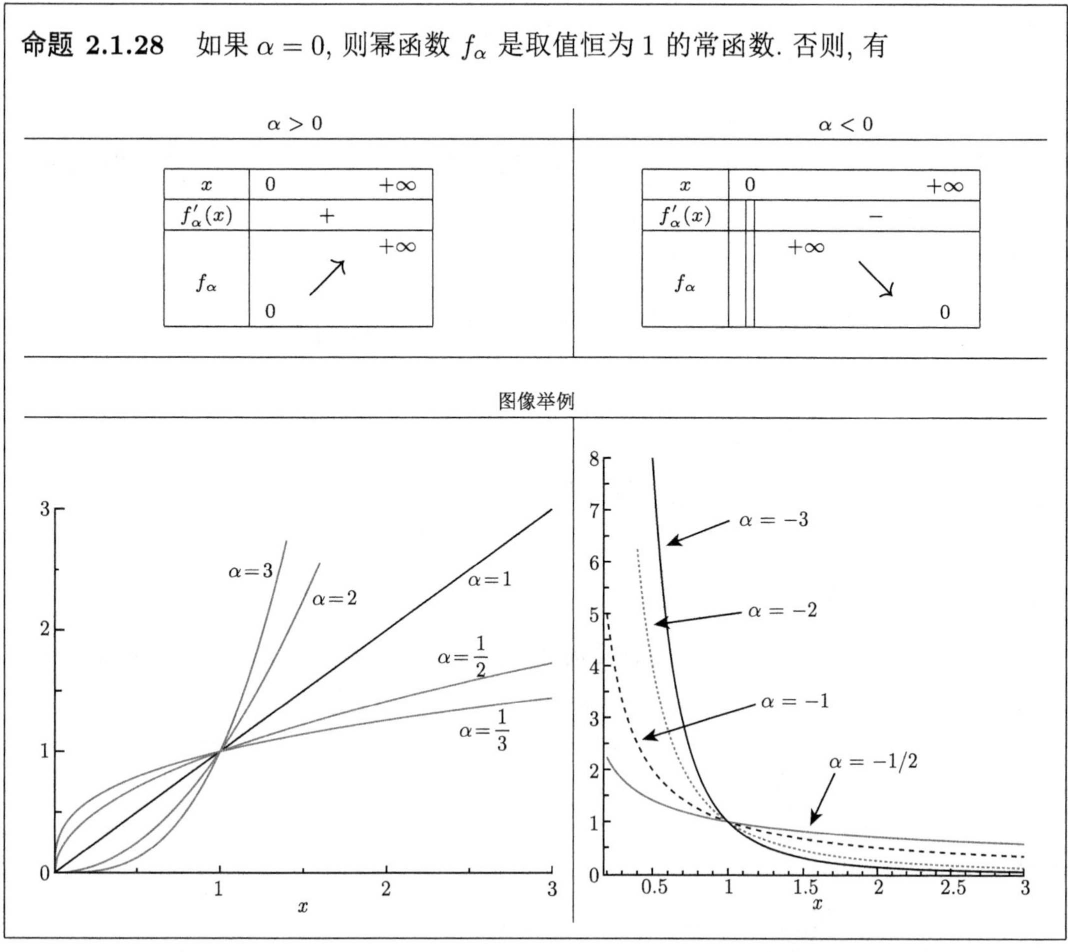

注: (1) 设 $\alpha>0$, 则 $\lim\limits_{\substack{x\to 0\\x>0}} f_\alpha(x)=0$. 因此, 令 $f_\alpha(0)=0$, 我们可以把 f_α 连续延拓到 $[0,+\infty)$. 延拓后的函数仍记为 f_α.

(2) 设 $\alpha>0$, 延拓后的函数 f_α 在 0 处是可导的当且仅当 $\alpha\geqslant 1$. 当 $\alpha\in(0,1)$ 时, 其图像在原点有一条竖直的切线.

(3) 一个常见的错误是: 认为函数 $x\mapsto x^{\frac{1}{n}}$ 和函数 $x\mapsto\sqrt[n]{x}$ (其中 $n\in\mathbb{N}^*$) 是同一个函数. 事实上, 这两个函数的值在 $[0,+\infty)$ 上相同①, 仅此而已. 例如, $x\mapsto\sqrt[3]{x}$ 是 $x\mapsto x^3$ 的反函数, 其定义域是全体实数集, 而 $x\mapsto x^{\frac{1}{3}}$ 的定义域是 $(0,+\infty)$ 或 $[0,+\infty)$ (延拓后).

习题 2.1.10 确定下列函数的可导区域, 并且计算其导数 :

① 在点 0 连续延拓后.

$$(1)\ f:\ x\mapsto \frac{4}{\sqrt[3]{x}};\quad (2)\ g:\ x\mapsto \sqrt{x^2-3x+2};\quad (3)\ h:\ x\mapsto \frac{\sqrt[3]{x}-1}{\sqrt[3]{x}}.$$

命题 2.1.29　设 u 和 v 都是在区间 I 上可导的函数, 并且 u 在 I 上恒大于零. 那么, 由

$$\forall x\in I,\ \ f(x)=u(x)^{v(x)}$$

定义的函数 f 在区间 I 上可导, 且

$$\forall x\in I,\quad f'(x)=\left(v'(x)\ln(u(x))+v(x)\frac{u'(x)}{u(x)}\right)u(x)^{v(x)}.$$

习题 2.1.11　证明上述命题.

习题 2.1.12　确定重要极限: $\lim\limits_{x\to+\infty}\left(1+\dfrac{a}{x}\right)^x$, 其中 $a\in\mathbb{R}$.

2.1.7　比较增长率

经过前面几节的学习, 我们大致有这样的感觉: 就数值来看, 指数函数比幂函数增长快, 幂函数比对数函数增长快. 本小节, 我们将比较函数的增长速度.

引理 2.1.30　对任意的 $x\geqslant 1$, $\ln(x)<2\sqrt{x}$.

证明:

当 $x=1$ 时, 明显有 $\ln(x)=0<2\sqrt{x}$.

设 $x>1$. 如果 $1\leqslant t\leqslant x$, 则 $0<\sqrt{t}\leqslant t$, 从而 $\dfrac{1}{t}\leqslant\dfrac{1}{\sqrt{t}}$. 由积分单调性得

$$\ln(x)=\int_1^x\frac{\mathrm{d}t}{t}\leqslant\int_1^x\frac{\mathrm{d}t}{\sqrt{t}}.$$

注意到 $t\mapsto 2\sqrt{t}$ 是 $t\mapsto\dfrac{1}{\sqrt{t}}$ 在 $[1,x]$ 上的一个原函数, 则 $\ln(x)\leqslant\left[2\sqrt{t}\right]_1^x$, 即

$$\ln(x)\leqslant 2\sqrt{x}-2<2\sqrt{x}.$$ ⊠

习题 2.1.13　考察由性质 : $\forall x\geqslant 1,\ f(x)=\ln(x)-2\sqrt{x}$ 定义的函数 f, 重新证明上述引理.

定理 2.1.31　$$\lim_{x\to+\infty}\frac{\ln(x)}{x}=0.$$

证明:

由引理2.1.30, 对任意的 $x \geqslant 1$, 我们有 $0 \leqslant \frac{\ln(x)}{x} < \frac{2}{\sqrt{x}}$.
因为 $\lim\limits_{x\to+\infty} \frac{2}{\sqrt{x}} = 0$, 由两边夹定理, 得 $\lim\limits_{x\to+\infty} \frac{\ln(x)}{x} = 0$. ☒

推论 2.1.32 (比较增长率) 幂函数、指数函数与自然对数函数有如下关系 :

(i) $\forall \alpha > 0$, $\forall \beta \in \mathbb{R}$, $\lim\limits_{x\to+\infty} \frac{(\ln(x))^\beta}{x^\alpha} = 0$;　(ii) $\forall \alpha > 0$, $\lim\limits_{\substack{x\to0\\x>0}} \big(x^\alpha \ln(x)\big) = 0$;

(iii) $\forall \alpha \in \mathbb{R}$, $\lim\limits_{x\to+\infty} \frac{e^x}{x^\alpha} = +\infty$;　(iv) $\forall \beta \in \mathbb{R}$, $\lim\limits_{x\to+\infty} \frac{(\ln(x))^\beta}{e^x} = 0$.

证明:

(i) 设 $\alpha > 0$, $\beta \in \mathbb{R}$. 首先, 当 $\beta \leqslant 0$ 时, 结论显然成立.
其次, 当 $\beta > 0$ 时, 对任意的 $x \in (1, +\infty)$, 我们有

$$\frac{(\ln(x))^\beta}{x^\alpha} = \left(\frac{\beta}{\alpha} \times \frac{\ln(x^{\frac{\alpha}{\beta}})}{x^{\frac{\alpha}{\beta}}}\right)^\beta.$$

由 $\frac{\alpha}{\beta} > 0$, 有 $\lim\limits_{x\to+\infty} x^{\frac{\alpha}{\beta}} = +\infty$. 由定理 2.1.31 知: $\lim\limits_{x\to+\infty} \frac{\ln(x)}{x} = 0$.
利用复合函数极限法则得 $\lim\limits_{x\to+\infty} \frac{\ln(x^{\frac{\alpha}{\beta}})}{x^{\frac{\alpha}{\beta}}} = 0$. 由于 $\beta > 0$ 时 $\lim\limits_{x\to0^+} x^\beta = 0$, 所以 $\lim\limits_{x\to+\infty} \left(\frac{\ln(x^{\frac{\alpha}{\beta}})}{x^{\frac{\alpha}{\beta}}}\right)^\beta = 0$. 因此 $\lim\limits_{x\to+\infty} \frac{(\ln(x))^\beta}{x^\alpha} = 0$.

(ii) 设 $\alpha > 0$, 我们有

$$\forall x \in (0, 1)\,,\ x^\alpha \ln(x) = -\left(\frac{1}{x}\right)^{-\alpha} \ln\left(\frac{1}{x}\right) = -\frac{\ln\left(\frac{1}{x}\right)}{\left(\frac{1}{x}\right)^\alpha}.$$

由 (i) 知 $\lim\limits_{x\to+\infty} \left(-\frac{\ln(x)}{x^\alpha}\right) = 0$. 又有 $\lim\limits_{\substack{x\to0\\x>0}} \frac{1}{x} = +\infty$. 根据复合函数极限法则得 : $\lim\limits_{\substack{x\to0\\x>0}} \left(-\frac{\ln\left(\frac{1}{x}\right)}{\left(\frac{1}{x}\right)^\alpha}\right) = 0$, 即 $\lim\limits_{\substack{x\to0\\x>0}} \big(x^\alpha \ln(x)\big) = 0$.

(iii) 注意到 $\forall x > 0$, $\dfrac{e^x}{x^\alpha} = e^{x-\alpha\ln x} = e^{x\left(1-\alpha\frac{\ln(x)}{x}\right)}$. 由 (i) 得 $\lim\limits_{x\to+\infty}\dfrac{\ln(x)}{x} = 0$. 所以, $\lim\limits_{x\to+\infty}\left(1-\alpha\dfrac{\ln(x)}{x}\right) = 1$. 从而 $\lim\limits_{x\to+\infty} x\left(1-\alpha\dfrac{\ln(x)}{x}\right) = +\infty$. 又有 $\lim\limits_{x\to+\infty} e^x = +\infty$, 由复合函数极限法则得: $\lim\limits_{x\to+\infty} e^{x\left(1-\alpha\frac{\ln(x)}{x}\right)} = +\infty$, 即 $\lim\limits_{x\to+\infty}\dfrac{e^x}{x^\alpha} = +\infty$.

(iv) 可由 (i) 和 (iii) 直接得出. ⊠

例 2.1.14 确定极限: $\lim\limits_{x\to+\infty}\left(-e^x + x^4 + \ln x\right)$.

解: 设 $x \in (0, +\infty)$, 则有 $-e^x + x^4 + \ln x = -e^x\left(1 - \dfrac{x^4}{e^x} - \dfrac{\ln x}{e^x}\right)$.
由比较增长率: $\lim\limits_{x\to+\infty}\dfrac{x^4}{e^x} = 0$ 和 $\lim\limits_{x\to+\infty}\dfrac{\ln x}{e^x} = 0$. 所以 $\lim\limits_{x\to+\infty}\left(1 - \dfrac{x^4}{e^x} - \dfrac{\ln x}{e^x}\right) = 1$.
又因为 $\lim\limits_{x\to+\infty} e^x = +\infty$, 所以 $\boxed{\lim\limits_{x\to+\infty}(-e^x + x^4 + \ln x) = -\infty.}$

习题 2.1.15 确定下列极限:

(1) $\lim\limits_{x\to+\infty}\left(-e^x + x^4 + \ln x\right)$;　　(2) $\lim\limits_{x\to+\infty}\left(-e^x + x^{2017}\ln x\right)$;

(3) $\lim\limits_{x\to+\infty}\left(\pi^x - x^\pi\right)$;　　(4) $\lim\limits_{x\to+\infty}\left(\dfrac{\sqrt{e^x + x^4}}{x^2\ln x}\right)$.

2.2 双曲函数

定义 2.2.1 我们定义:

(i) 双曲正弦函数 sh 满足: $\forall x \in \mathbb{R}$, $\mathrm{sh}\,(x) = \dfrac{e^x - e^{-x}}{2}$;

(ii) 双曲余弦函数 ch 满足: $\forall x \in \mathbb{R}$, $\mathrm{ch}\,(x) = \dfrac{e^x + e^{-x}}{2}$;

(iii) 双曲正切函数 th 满足: $\forall x \in \mathbb{R}$, $\mathrm{th}\,(x) = \dfrac{e^x - e^{-x}}{e^x + e^{-x}}$;

(iv) 双曲余切函数 coth 满足: $\forall x \in \mathbb{R}^*$, $\coth(x) = \dfrac{e^x + e^{-x}}{e^x - e^{-x}}$.

注: (1) 有时, sh, ch 和 th 也分别记作 sinh, cosh 和 tanh.

(2) 由上述定义, 我们不难看出: $\mathrm{th} = \dfrac{\mathrm{sh}}{\mathrm{ch}}$ 和 $\mathrm{coth} = \dfrac{1}{\mathrm{th}} = \dfrac{\mathrm{ch}}{\mathrm{sh}}$.

2.2.1 双曲正弦函数

命题 2.2.2 双曲正弦函数有如下性质：

(i) sh 是奇函数 (即对所有的 $x \in \mathbb{R}$, 有 $(-x) \in \mathbb{R}$, 且 $\mathrm{sh}(-x) = -\mathrm{sh}(x)$)；

(ii) sh 在 $\mathbb{R}$ 上可导, 且 $\mathrm{sh}' = \mathrm{ch}$；

(iii) sh 在 $\mathbb{R}$ 上严格单调递增, 且 $\lim\limits_{x\to+\infty} \mathrm{sh}(x) = +\infty$；

(iv) sh 的图像在原点处切线的一个方程是 $y = x$, 且 $\lim\limits_{x\to 0} \dfrac{\mathrm{sh}(x)}{x} = 1$.

证明:

(i) 首先, 双曲正弦的定义域 $\mathbb{R}$ 是关于 0 对称的. 其次, 若 $x \in \mathbb{R}$, 则

$$\mathrm{sh}(-x) = \frac{e^{-x} - e^{x}}{2} = -\frac{e^{x} - e^{-x}}{2} = -\mathrm{sh}(x).$$

(ii) sh 是两个在 $\mathbb{R}$ 上可导的函数的和, 所以, 它也在 $\mathbb{R}$ 上可导并且

$$\forall x \in \mathbb{R},\ \mathrm{sh}'(x) = \frac{1}{2}\left(e^{x} - (-e^{-x})\right) = \mathrm{ch}(x).$$

(iii) 由于指数函数在 $\mathbb{R}$ 上是严格正的, 所以, 对任意的实数 x, $\mathrm{ch}(x)$ 也是严格正的, 即 sh' 在 $\mathbb{R}$ 上严格正. 因此, sh 在 $\mathbb{R}$ 上严格单调递增. 由于 $\lim\limits_{x\to+\infty} e^{x} = +\infty$ 和 $\lim\limits_{x\to+\infty} e^{-x} = 0$, 所以

$$\lim_{x\to+\infty} \mathrm{sh}(x) = \lim_{x\to+\infty} \frac{e^{x} - e^{-x}}{2} = +\infty.$$

(iv) 由 $\mathrm{sh}'(0) = \mathrm{ch}(0) = 1$, 所以, sh 的图像在原点处切线的一个方程为

$$y = \mathrm{sh}'(0)(x - 0) + \mathrm{sh}(0), \quad \text{即} \quad y = x.$$

由导数的定义, $\lim\limits_{x\to 0} \dfrac{\mathrm{sh}(x) - \mathrm{sh}(0)}{x - 0} = \mathrm{sh}'(0)$, 即 $\lim\limits_{x\to 0} \dfrac{\mathrm{sh}(x)}{x} = 1$. ⊠

注: 利用比较增长率, 容易看出 $\lim\limits_{x\to+\infty} \dfrac{\mathrm{sh}(x)}{x} = +\infty$. 那么, 当 $x \to +\infty$ 时, 函数 sh 的图像会是怎么样的？

2.2.2 双曲余弦函数

命题 2.2.3 双曲余弦函数有如下性质：

(i) ch 是偶函数 (即对所有的 $x \in \mathbb{R}$, 有 $(-x) \in \mathbb{R}$, 且 $\operatorname{ch}(-x) = \operatorname{ch}(x)$)；

(ii) ch 在 $\mathbb{R}$ 上可导, 且 $\operatorname{ch}' = \operatorname{sh}$；

(iii) ch 在 $[0, +\infty)$ 上严格单调递增, 在 $(-\infty, 0]$ 上严格单调递减；

(iv) $\lim\limits_{x \to +\infty} \operatorname{ch}(x) = +\infty$, $\lim\limits_{x \to -\infty} \operatorname{ch}(x) = +\infty$.

注: 关于双曲余弦函数, 我们有下面单调性表格(表2.4).

表 2.4 双曲余弦函数的单调性

x	$-\infty$		0		$+\infty$
$\operatorname{ch}'(x)$		$-$	0	$+$	
ch	$+\infty$	$\searrow$	1	$\nearrow$	$+\infty$

注: 可以看出 $\forall x \in \mathbb{R}, \operatorname{ch}(x) \geqslant 1$, 并且 ch 在 $x = 0$ 取到最小值 1.

习题 2.2.1 绘出双曲余弦函数 ch 的图像.

命题 2.2.4 $\lim\limits_{x \to 0} \dfrac{\operatorname{ch}(x) - 1}{x^2} = \dfrac{1}{2}$.

证明:

这里我们用 2.2.3 小节给出的双曲三角关系式来证明.

设 $x \in \mathbb{R}^*$. 由命题 2.2.6(vi), 我们有

$$\frac{\operatorname{ch}(x) - 1}{x^2} = \frac{\operatorname{ch}\left(2 \times \dfrac{x}{2}\right) - 1}{x^2} = \frac{2\operatorname{sh}^2\left(\dfrac{x}{2}\right)}{x^2} = \frac{1}{2} \times \left(\frac{\operatorname{sh}\left(\dfrac{x}{2}\right)}{\dfrac{x}{2}}\right)^2.$$

注意到 $\lim\limits_{x \to 0} \dfrac{\operatorname{sh}(x)}{x} = 1$, 从而 $\lim\limits_{x \to 0} \left(\dfrac{\operatorname{sh}\left(\dfrac{x}{2}\right)}{\dfrac{x}{2}}\right)^2 = 1$. 因此 $\lim\limits_{x \to 0} \dfrac{\operatorname{ch}(x) - 1}{x^2} = \dfrac{1}{2}$.

⊠

注： 注意与 $\lim_{x\to 0}\frac{1-\cos x}{x^2}=\frac{1}{2}$ (请读者自证)的区别, 如何记忆？

2.2.3 双曲三角关系式

在学习双曲三角关系式之前, 我们先证明三个基本关系式.

命题 2.2.5 设 $x\in\mathbb{R}$. 那么

$$e^x=\mathrm{ch}\,(x)+\mathrm{sh}\,(x);\quad e^{-x}=\mathrm{ch}\,(x)-\mathrm{sh}\,(x);\quad \mathrm{ch}^2(x)-\mathrm{sh}^2(x)=1.$$

证明:

设 $x\in\mathbb{R}$. 由双曲函数的定义得

$$\mathrm{ch}\,(x)+\mathrm{sh}\,(x)=\frac{e^x+e^{-x}}{2}+\frac{e^x-e^{-x}}{2}=e^x.$$

同样的方法可得第二个等式. 然后把前两式相乘, 我们有

$$1=e^x\times e^{-x}=(\mathrm{ch}\,(x)+\mathrm{sh}\,(x))(\mathrm{ch}\,(x)-\mathrm{sh}\,(x))=\mathrm{ch}^2(x)-\mathrm{sh}^2(x).\quad\boxtimes$$

注： 由上述命题知 $\exp=\mathrm{ch}+\mathrm{sh}$, 其中 ch 是偶函数, sh 是奇函数. 我们称 ch 是 exp 的偶部, 称 sh 是 exp 的奇部. 事实上, 对于任何一个函数, 只要其定义域关于 0 对称, 都可以写成一个奇函数和一个偶函数之和.

利用双曲函数的定义和前面的基本关系式, 很容易得到下面的双曲三角关系式. 请读者自证!

命题 2.2.6 设 x 和 y 是任意两个实数. 那么有

(i) $\mathrm{ch}\,(x+y)=\mathrm{ch}\,(x)\mathrm{ch}\,(y)+\mathrm{sh}\,(x)\mathrm{sh}\,(y)$;

(ii) $\mathrm{sh}\,(x+y)=\mathrm{sh}\,(x)\mathrm{ch}\,(y)+\mathrm{ch}\,(x)\mathrm{sh}\,(y)$;

(iii) $\mathrm{ch}\,(x-y)=\mathrm{ch}\,(x)\mathrm{ch}\,(y)-\mathrm{sh}\,(x)\mathrm{sh}\,(y)$;

(iv) $\mathrm{sh}\,(x-y)=\mathrm{sh}\,(x)\mathrm{ch}\,(y)-\mathrm{ch}\,(x)\mathrm{sh}\,(y)$;

(v) $\mathrm{ch}\,(2x)=\mathrm{ch}^2(x)+\mathrm{sh}^2(x)$, $\quad\mathrm{sh}\,(2x)=2\mathrm{sh}\,(x)\mathrm{ch}\,(x)$;

(vi) $\mathrm{ch}^2(x)=\dfrac{1+\mathrm{ch}\,(2x)}{2}$, $\quad\mathrm{sh}^2(x)=\dfrac{\mathrm{ch}\,(2x)-1}{2}$.

习题 2.2.2 分别确定函数 $x\mapsto\mathrm{ch}^2(x)$ 和 $x\mapsto\mathrm{sh}^3(x)\mathrm{ch}\,(x)$ 在 $\mathbb{R}$ 上的一个原函数.

2.2.4 双曲正切函数

命题 2.2.7 双曲正切函数有如下性质：

(i) th 是奇函数；

(ii) th 在 $\mathbb{R}$ 上可导，且 $\mathrm{th}' = 1 - \mathrm{th}^2 = \dfrac{1}{\mathrm{ch}^2}$；

(iii) th 在 $\mathbb{R}$ 上严格单调递增，且 $\lim\limits_{x\to-\infty} \mathrm{th}(x) = -1$, $\lim\limits_{x\to+\infty} \mathrm{th}(x) = 1$；

(iv) th 的图像在原点处切线的一个方程是 $y = x$，且 $\lim\limits_{x\to 0} \dfrac{\mathrm{th}(x)}{x} = 1$.

证明：

(i) 由 ch 是偶函数和 sh 是奇函数，知 $\mathrm{th} = \dfrac{\mathrm{sh}}{\mathrm{ch}}$ 是奇函数.

(ii) th 是 $\mathbb{R}$ 上两个可导函数的商，且其分母无零点. 所以，th 在 $\mathbb{R}$ 上可导，且 $\mathrm{th}' = \dfrac{\mathrm{sh}'\mathrm{ch} - \mathrm{sh}\,\mathrm{ch}'}{\mathrm{ch}^2} = \dfrac{\mathrm{ch}^2 - \mathrm{sh}^2}{\mathrm{ch}^2}$. 注意到 $\mathrm{ch}^2 - \mathrm{sh}^2 = 1$，故 $\mathrm{th}' = \dfrac{1}{\mathrm{ch}^2}$. 或者，直接有 $\dfrac{\mathrm{ch}^2 - \mathrm{sh}^2}{\mathrm{ch}^2} = 1 - \dfrac{\mathrm{sh}^2}{\mathrm{ch}^2} = 1 - \mathrm{th}^2$.

(iii) 由 $\mathrm{th}' = \dfrac{1}{\mathrm{ch}^2} > 0$，知 th 在 $\mathbb{R}$ 上严格单调递增. 又有

$$\forall x \in \mathbb{R},\ \ \mathrm{th}(x) = \frac{e^x - e^{-x}}{e^x + e^{-x}} = \frac{1 - e^{-2x}}{1 + e^{-2x}}.$$

由 $\lim\limits_{x\to+\infty} e^{-2x} = 0$，得 $\lim\limits_{x\to+\infty} \mathrm{th}(x) = 1$.
又因 th 是奇函数，所以，$\lim\limits_{x\to-\infty} \mathrm{th}(x) = -1$.

(iv) $\mathrm{th}'(0) = \dfrac{1}{\mathrm{ch}^2(0)} = 1$，所以 th 的图像在原点处切线的一个方程为

$$y = \mathrm{th}'(0)(x - 0) + \mathrm{th}(0), \quad \text{即} \quad y = x.$$

由导数的定义，$\lim\limits_{x\to 0} \dfrac{\mathrm{th}(x) - \mathrm{th}(0)}{x - 0} = \mathrm{th}'(0)$，即 $\lim\limits_{x\to 0} \dfrac{\mathrm{th}(x)}{x} = 1$. ⊠

注： 上述命题中 (iii) 表明：

(1) $\forall x \in \mathbb{R}, -1 < \mathrm{th}(x) < 1$；

(2) 当 x 分别趋于 $+\infty$ 和 $-\infty$ 时，th 的图像有两条水平的渐近线 $y = 1$ 和 $y = -1$.

习题 2.2.3 绘出双曲正切函数 th 的图像.

2.3　反双曲函数

2.3.1　反双曲正弦函数

定义 2.3.1　双曲正弦函数是 $\mathbb{R}$ 上严格单调递增的连续函数, 且 $\lim\limits_{x\to+\infty} \mathrm{sh}(x)=+\infty$ 和 $\lim\limits_{x\to-\infty} \mathrm{sh}(x)=-\infty$. 因此, 它是从 $\mathbb{R}$ 到 $\mathbb{R}$ 的一一映射, 故存在反函数, 其反函数称为**反双曲正弦函数**, 记为 Argsh 或 sh^{-1}.

注: (1) $\mathrm{Argsh}:\mathbb{R}\longrightarrow\mathbb{R}$ 也是从 $\mathbb{R}$ 到 $\mathbb{R}$ 的双射;

(2) 对任意两个实数 x 和 y, 有 : $y=\mathrm{sh}(x) \iff x=\mathrm{Argsh}(y)$.

命题 2.3.2　反双曲正弦函数有以下性质:

(i) Argsh 是奇函数;

(ii) $\lim\limits_{x\to+\infty} \mathrm{Argsh}(x)=+\infty$ 和 $\lim\limits_{x\to-\infty} \mathrm{Argsh}(x)=-\infty$;

(iii) Argsh 在 $\mathbb{R}$ 上可导, 且 $\forall x\in\mathbb{R}$, $\mathrm{Argsh}'(x)=\dfrac{1}{\sqrt{x^2+1}}$;

(iv) $\forall x\in\mathbb{R}$, $\mathrm{Argsh}(x)=\ln(x+\sqrt{x^2+1})$, 且 $\lim\limits_{x\to+\infty}\dfrac{\mathrm{Argsh}(x)}{x}=0$;

(v) Argsh 的图像在原点处切线的一个方程是 $y=x$, 且 $\lim\limits_{x\to 0}\dfrac{\mathrm{Argsh}(x)}{x}=1$.

证明:

(i) 首先定义域 $\mathbb{R}$ 是关于 0 对称的. 设 $x\in\mathbb{R}$. 记 $y=\mathrm{Argsh}(-x)$, 则有

$$
\begin{aligned}
y=\mathrm{Argsh}(-x) &\iff -x=\mathrm{sh}(y) \quad (\text{反函数})\\
&\iff x=-\mathrm{sh}(y)\\
&\iff x=\mathrm{sh}(-y) \quad (\mathrm{sh}\text{是奇函数})\\
&\iff \mathrm{Argsh}(x)=-y \quad (\text{反函数}).
\end{aligned}
$$

因此, $\mathrm{Argsh}(-x)=-\mathrm{Argsh}(x)$, 即 Argsh 是奇函数.

(ii) 由反函数的定义及 $\lim\limits_{x\to+\infty} \mathrm{sh}(x)=+\infty$ 和 $\lim\limits_{x\to-\infty} \mathrm{sh}(x)=-\infty$可得.

(iii) 因为 sh 是从 $\mathbb{R}$ 到 $\mathbb{R}$ 的可导的双射, 且 $\forall x\in\mathbb{R}$, $\mathrm{sh}'(x)=\mathrm{ch}(x)\neq 0$. 应用推论 2.1.15 知, Argsh 在 $\mathbb{R}$ 上可导, 且

$$\forall x\in\mathbb{R},\quad \mathrm{Argsh}'(x)=\frac{1}{\mathrm{sh}'(\mathrm{Argsh}(x))}=\frac{1}{\mathrm{ch}(\mathrm{Argsh}(x))}.$$

设 $x\in\mathbb{R}$. 已知 $\mathrm{ch}(x)>0$, 所以 $\mathrm{ch}(x)=\sqrt{\mathrm{ch}^2(x)}$.

再由基本关系式 $\mathrm{ch}^2=\mathrm{sh}^2+1$. 我们有

$$\mathrm{Argsh}'(x)=\frac{1}{\sqrt{(\mathrm{sh}(\mathrm{Argsh}(x)))^2+1}}=\frac{1}{\sqrt{x^2+1}}.$$

(iv) 设 $x\in\mathbb{R}$. 由基本关系式得

$$e^{\mathrm{Argsh}(x)}=\mathrm{sh}(\mathrm{Argsh}(x))+\mathrm{ch}(\mathrm{Argsh}(x))=x+\sqrt{x^2+1}.$$

两边取自然对数即得 $\mathrm{Argsh}(x)=\ln(x+\sqrt{x^2+1})$.

当 $x>0$ 时, $\dfrac{\mathrm{Argsh}(x)}{x}=\dfrac{\ln(x)}{x}+\dfrac{\ln\left(1+\sqrt{1+\dfrac{1}{x^2}}\right)}{x}$.

由 $\lim\limits_{x\to+\infty}\dfrac{1}{x^2}=0$ 和极限运算法则得 : $\lim\limits_{x\to+\infty}\ln\left(1+\sqrt{1+\dfrac{1}{x^2}}\right)=\ln(2)$,

从而 $\lim\limits_{x\to+\infty}\dfrac{\ln\left(1+\sqrt{1+\dfrac{1}{x^2}}\right)}{x}=0$; 又由比较增长率: $\lim\limits_{x\to+\infty}\dfrac{\ln(x)}{x}=0$;

因此 $\lim\limits_{x\to+\infty}\dfrac{\mathrm{Argsh}(x)}{x}=0$.

(v) 我们有 $\mathrm{Argsh}'(0)=1$ 和 $\mathrm{Argsh}(0)=0$. 所以, Argsh 的图像在原点处切线的一个方程是 : $y=\mathrm{Argsh}'(0)(x-0)+\mathrm{Argsh}(0)$, 即 $y=x$. 由导数的定义, 我们有 $\lim\limits_{x\to 0}\dfrac{\mathrm{Argsh}(x)-\mathrm{Argsh}(0)}{x-0}=\mathrm{Argsh}'(0)$, 即 $\lim\limits_{x\to 0}\dfrac{\mathrm{Argsh}(x)}{x}=1$. ⊠

习题 2.3.1 绘出反双曲正弦函数 Argsh 的图像.

推论 2.3.3 函数 $x\mapsto\ln(x+\sqrt{x^2+1})$ 是函数 $x\mapsto\dfrac{1}{\sqrt{x^2+1}}$ 在 $\mathbb{R}$ 上的一个原函数.

习题 2.3.2 设 $x\in\mathbb{R}$, 令 $y=\mathrm{sh}(x)$ 和 $X=e^x$. 证明 X 是一个二次方程的解, 此方程的系数依赖于 y.

2.3.2 反双曲余弦函数

定义 2.3.4 双曲余弦限制在 $[0,+\infty)$ 上是严格单调递增的连续函数, 且 $\operatorname{ch}([0,+\infty))=[1,+\infty)$, 因此它是从 $[0,+\infty)$ 到 $[1,+\infty)$ 的双射, 故存在反函数, 其反函数称为*反双曲余弦函数*, 记为 Argch 或 ch^{-1}.

注: (1) Argch 是从 $\left[\operatorname{ch}(0), \lim\limits_{x\to+\infty}\operatorname{ch}(x)\right)=[1,+\infty)$ 到 $[0,+\infty)$ 的双射;

(2) 对任意的 $x\geqslant 0$ 和 $y\geqslant 1$, 我们有: $y=\operatorname{ch}(x) \iff x=\operatorname{Argch}(y)$.

注意: ch 本身并不是一一映射, 限制在 $[0,+\infty)$ 上才是!

命题 2.3.5 反双曲余弦函数有如下性质:

(i) Argch 既不是奇函数也不是偶函数;

(ii) Argch 在 $[1,+\infty)$ 上连续, 且 $\lim\limits_{x\to+\infty}\operatorname{Argch}(x)=+\infty$;

(iii) Argch 在 $(1,+\infty)$ 上可导, 在 1 处不可导, 但其图像在点 $(1,0)$ 有一条竖直的切线. 此外有: $\forall x>1$, $\operatorname{Argch}'(x)=\dfrac{1}{\sqrt{x^2-1}}$;

(iv) $\forall x\geqslant 1$, $\operatorname{Argch}(x)=\ln(x+\sqrt{x^2-1})$, 且 $\lim\limits_{x\to+\infty}\dfrac{\operatorname{Argch}(x)}{x}=0$.

证明:

(i) Argch 的定义域不关于 0 对称, 所以 Argch 非奇非偶.

我们仍可采用证明命题 2.3.2 的方法证明 (ii)—(iv) (留作练习).

这里, 我们换一种方式, 先证明 (iv), 再由此推出 (ii) 和 (iii).

(iv) 设 $y\geqslant 1$, $x\geqslant 0$. 令 $X=e^x$, 我们有

$$y=\operatorname{ch}(x) \iff y=\frac{e^x+e^{-x}}{2} \iff y=\frac{X+\dfrac{1}{X}}{2}$$
$$\iff X^2-2yX+1=0.$$

在上述二次方程中 $y=\operatorname{ch}(x)\geqslant 1$, 所以判别式 $\Delta=4(y^2-1)\geqslant 0$; 因此, 方程有两个解: $X_1=y+\sqrt{y^2-1}$ 和 $X_2=y-\sqrt{y^2-1}$. 由此得出, $e^x=y+\sqrt{y^2-1}$ 或 $e^x=y-\sqrt{y^2-1}$. 注意到 $X_1X_2=1$, 并且 X_1, X_2 都是正的. 因此, 它们其中一个大于等于 1, 另外一个小于等于 1. 又由 $X_1\geqslant X_2$, 我们知 $X_1\geqslant 1\geqslant X_2$. 由 $e^x\geqslant 1$ (因 $x\geqslant 0$) 得

$y=\operatorname{ch}(x) \iff e^x=y+\sqrt{y^2-1} \iff x=\ln(y+\sqrt{y^2-1})$.

这就证明了：$\forall y \geqslant 1$, $\operatorname{Argch}(y)=\ln(y+\sqrt{y^2-1})$.

对于 $x\in[1,+\infty)$, $\dfrac{\ln(x+\sqrt{x^2-1})}{x}=\dfrac{\ln x}{x}+\dfrac{\ln\left(1+\sqrt{1-\frac{1}{x^2}}\right)}{x}$.

类似 2.3.1 节的证明有 $\lim\limits_{x\to+\infty}\dfrac{\operatorname{Argch}(x)}{x}=0$.

接下来, 我们证明其他性质.

(ii) 因为 $\lim\limits_{x\to+\infty}(x^2-1)=+\infty$ 和 $\lim\limits_{x\to+\infty}\sqrt{x}=+\infty$, 根据极限运算法则得 $\lim\limits_{x\to+\infty}(x+\sqrt{x^2-1})=+\infty$.

又有 $\lim\limits_{x\to+\infty}\ln(x)=+\infty$, 所以有 $\lim\limits_{x\to+\infty}\ln(x+\sqrt{x^2-1})=+\infty$, 即 $\lim\limits_{x\to+\infty}\operatorname{Argch}(x)=+\infty$.

(iii) 令函数 $u: x\mapsto x+\sqrt{x^2-1}$. 因为开平方根函数在 $(0,+\infty)$ 上可导, 以及函数 $x\mapsto x^2-1$ 在 $(1,+\infty)$ 上严格正且可导, 所以复合函数 $x\mapsto\sqrt{x^2-1}$在$(1,+\infty)$上严格正且可导. 进而 u 在 $(1,+\infty)$ 上严格正且可导. 再由 ln 的可导性知: $\ln u$ 即 Argch 在 $(1,+\infty)$ 上可导且

$$\forall x>1,\ \operatorname{Argch}'(x)=\frac{u'(x)}{u(x)}=\frac{1+\dfrac{2x}{2\sqrt{x^2-1}}}{x+\sqrt{x^2-1}}=\frac{1}{\sqrt{x^2-1}}.$$

其次, 由命题2.2.4：$\lim\limits_{\substack{x\to0\\x>0}}\dfrac{\operatorname{ch}(x)-1}{x^2}=\dfrac{1}{2}$, 以及 $\lim\limits_{\substack{x\to0\\x>0}}x=0$, 二者相乘后并注意到 $\forall x>0$, $\operatorname{ch}(x)>1$, 所以 $\lim\limits_{\substack{x\to0\\x>0}}\dfrac{\operatorname{ch}(x)-1}{x}=0^+$. 所以

$$\lim_{\substack{x\to0\\x>0}}\frac{x}{\operatorname{ch}(x)-1}=+\infty.$$

又由定义知 $\lim\limits_{\substack{x\to1\\x>1}}\operatorname{Argch}(x)=0^+$. 根据复合函数极限法则得

$$\lim_{\substack{x\to1\\x>1}}\frac{\operatorname{Argch}(x)}{\operatorname{ch}(\operatorname{Argch}(x))-1}=+\infty,\ 即 \lim_{\substack{x\to1\\x>1}}\frac{\operatorname{Argch}(x)-\operatorname{Argch}(1)}{x-1}=+\infty.$$

所以 Argch 在 1 处不可导, 但是其图像在点 $(1,0)$ 有一条竖直的切线.

⊠

习题 2.3.3　绘出反双曲余弦函数 Argch 的图像.

推论 2.3.6　函数 $x\mapsto\ln(x+\sqrt{x^2-1})$ 是函数 $x\mapsto\dfrac{1}{\sqrt{x^2-1}}$ 在 $(1,+\infty)$ 上的一个原函数.

注: 上述定理证明的最后一部分还可以由下面这个重要定理得到(留作练习). 在此我们给出定理内容, 在后续课程中再证明.

定理 2.3.7 设 a 和 b 是两个实数, 且 $a<b$, 函数 f 满足:

(1) 在 $[a,b]$ 上连续;

(2) 在 $(a,b]$ 上可导;

(3) $\lim\limits_{\substack{x\to a\\x>a}} f'(x)=+\infty$(或 $-\infty$).

那么, $\lim\limits_{\substack{x\to a\\x>a}}\left(\dfrac{f(x)-f(a)}{x-a}\right)=+\infty$(或 $-\infty$), 从而

(i) f 在 a 不可导;

(ii) f 的图像在点 $(a,f(a))$ 有一条竖直的切线.

2.3.3 反双曲正切函数

定义 2.3.8 双曲正切函数是 $\mathbb{R}$ 上的严格单调递增的连续函数, 因此, 它是从 $\mathbb{R}$ 到 $\left(\lim\limits_{x\to-\infty}\text{th}(x),\lim\limits_{x\to+\infty}\text{th}(x)\right)=(-1,1)$ 的双射, 故存在反函数, 其反函数称为*反双曲正切函数*, 记为 Argth 或 th^{-1}.

注: (1) Argth : $(-1,1)\longrightarrow\mathbb{R}$ 是严格单调递增的双射;

(2) $\forall x\in\mathbb{R}, \forall y\in(-1,1), (\,y=\text{th}(x)\iff x=\text{Argth}(y)\,)$.

命题 2.3.9 反双曲正切函数有如下性质:

(i) Argth 是奇函数, 且 $\lim\limits_{\substack{x\to-1\\x>-1}}\text{Argth}(x)=-\infty$, $\lim\limits_{\substack{x\to1\\x<1}}\text{Argth}(x)=+\infty$;

(ii) Argth 在 $(-1,1)$ 上可导, 且 $\forall x\in(-1,1)$, $\text{Argth}'(x)=\dfrac{1}{1-x^2}$;

(iii) $\forall x\in(-1,1)$, $\text{Argth}(x)=\dfrac{1}{2}\ln\left(\dfrac{1+x}{1-x}\right)$;

(iv) Argth 的图像在原点处切线的一个方程是 $y=x$, 且 $\lim\limits_{x\to0}\dfrac{\text{Argth}(x)}{x}=1$.

证明:

(i) 首先, $(-1,1)$ 是关于 0 对称的.

其次, 设 $x\in(-1,1)$, 令 $y=\text{Argth}\,(x)$, 那么,

$$\begin{aligned} y=\text{Argth}\,(x) &\iff x=\text{th}\,(y)\\ &\iff -x=\text{th}\,(-y)\\ &\iff -y=\text{Argth}\,(-x). \end{aligned}$$

从而, $\text{Argth}\,(-x)=-\text{Argth}\,(x)$, 即 Argth 是奇函数. 至于极限成立是由于 $\lim\limits_{x\to+\infty}\text{th}\,(x)=1$ 和 $\lim\limits_{x\to-\infty}\text{th}\,(x)=-1$.

(ii) 我们知道 th 是 $\mathbb{R}$ 上的可导的双射, 且 $\text{th}'=\dfrac{1}{\text{ch}^2}\neq 0$. 因此, 由反函数的性质, Argth 在 $\text{th}\,(\mathbb{R})=(-1,1)$ 上可导, 且对任意 $x\in(-1,1)$,

$$\text{Argth}'(x)=\frac{1}{\text{th}'(\text{Argth}\,(x))}=\frac{1}{1-(\text{th}\,(\text{Argth}\,(x)))^2}=\frac{1}{1-x^2}.$$

(iii) 由结论 (ii), 对任意 $x\in(-1,1)$, $\text{Argth}'(x)=\dfrac{1}{2}\times\left(\dfrac{1}{1+x}-\dfrac{-1}{1-x}\right)$.

因为 ln 是 $x\mapsto\dfrac{1}{x}$ 在 $(0,+\infty)$ 上的一个原函数. 所以由复合函数的导数可知, $x\mapsto\ln(1+x)$ 是 $x\mapsto\dfrac{1}{1+x}$ 在 $(-1,1)$ 上的一个原函数, 以及 $x\mapsto\ln(1-x)$ 是 $x\mapsto\dfrac{-1}{1-x}$ 在 $(-1,1)$ 上的一个原函数. 因此函数 $x\mapsto\dfrac{1}{2}\ln(1+x)-\dfrac{1}{2}\ln(1-x)$, 即 $x\mapsto\dfrac{1}{2}\ln\left(\dfrac{1+x}{1-x}\right)$ 是函数 $x\mapsto\dfrac{1}{1-x^2}$ 在 $(-1,1)$ 上的一个原函数. 因此存在常数 c, 使得对任意 $x\in(-1,1)$, $\text{Argth}\,(x)=\dfrac{1}{2}\ln\left(\dfrac{1+x}{1-x}\right)+c$.

令 $x=0$, 得 $0=\text{Argth}\,(0)=\dfrac{1}{2}\ln(1)+c=0+c$, 所以 $c=0$. 从而

$$\forall x\in(-1,1),\quad \text{Argth}\,(x)=\frac{1}{2}\ln\left(\frac{1+x}{1-x}\right).$$

(iv) 类似于前面关于 sh 或 Argsh 的证明(留作练习). ☒

习题 2.3.4 利用双曲正切函数的定义形式直接证明上述命题中 (iii).

习题 2.3.5 绘出反双曲正切函数 Argth 的图像.

2.4 三角函数及其反函数

2.4.1 三角函数

在中学阶段, 我们已经熟知三角函数的一些性质, 现罗列如下:

1. 正弦函数 sin 是定义在 $\mathbb{R}$ 上的 2π-周期的奇函数, $\sin' = \cos$.
2. 余弦函数 cos 是定义在 $\mathbb{R}$ 上的 2π-周期的偶函数, $\cos' = -\sin$.
3. 正切函数 tan 是定义在 $\mathbb{R}\Big\backslash\left\{\frac{\pi}{2}+k\pi \,\middle|\, k\in\mathbb{Z}\right\}$ 上的 π-周期的奇函数, $\tan' = 1+\tan^2 = \dfrac{1}{\cos^2}$.
4. 余切函数 cot 是定义在 $\mathbb{R}\backslash\{k\pi|\, k\in\mathbb{Z}\}$ 上的 π-周期的奇函数, $\cot' = -1-\cot^2 = -\dfrac{1}{\sin^2}$.

2.4.2 反正弦函数

定义 2.4.1 正弦函数限制在 $\left[-\frac{\pi}{2},\frac{\pi}{2}\right]$ 上是严格单调递增的连续函数. 因此它是从 $\left[-\frac{\pi}{2},\frac{\pi}{2}\right]$ 到 $[-1,1]$ 的双射, 故存在反函数, 其反函数称为*反正弦函数*, 记为 arcsin 或 $\sin^{-1}$.

注意: 正弦函数本身并不是一一映射, 限制在区间 $\left[-\frac{\pi}{2},\frac{\pi}{2}\right]$ 才是!

注: (1) arcsin 是从 $[-1,1]$ 到 $\left[-\frac{\pi}{2},\frac{\pi}{2}\right]$ 的双射.

(2) 对于任意 $y\in[-1,1]$ 和 $x\in\left[-\frac{\pi}{2},\frac{\pi}{2}\right]$, 有 $y=\sin(x) \iff x=\arcsin(y)$.

(3) $\forall x\in[-1,1], \sin(\arcsin(x)) = x$.

(4) $\forall x\in\left[-\frac{\pi}{2},\frac{\pi}{2}\right], \arcsin(\sin(x)) = x$.

注意: 上面(4)式并不是对所有的 x 都成立, 必须注意 x 的取值. 例如 :

$$\arcsin(\sin(\pi)) = \arcsin(0) = 0 \neq \pi.$$

习题 2.4.1 计算 $\arcsin(0)$ 和 $\arcsin\left(-\dfrac{1}{2}\right)$.

习题 2.4.2　计算 $\arcsin\left(\sin\left(\frac{2017\pi}{3}\right)\right)$.

命题 2.4.2　反正弦函数有如下性质：

(i) arcsin 是奇函数；

(ii) arcsin 在 $[-1,1]$ 上连续；

(iii) arcsin 在 $(-1,1)$ 处上可导, 且 $\forall x\in(-1,1)$, $\arcsin'(x)=\dfrac{1}{\sqrt{1-x^2}}$；

(iv) arcsin 在 1 和 -1 处不可导；其图像在 $\left(1,\frac{\pi}{2}\right)$ 和 $\left(-1,-\frac{\pi}{2}\right)$ 有竖直的切线；

(v) arcsin 的图像在原点处的切线的一个方程是 $y=x$, 且 $\lim\limits_{x\to 0}\dfrac{\arcsin(x)}{x}=1$.

习题 2.4.3　证明上述命题, 并绘出反正弦函数 arcsin 的图像.

推论 2.4.3　函数 $x\mapsto\arcsin(x)$ 是函数 $x\mapsto\dfrac{1}{\sqrt{1-x^2}}$ 在 $(-1,1)$ 上的一个原函数.

例 2.4.4　计算 $\displaystyle\int_0^{\frac{1}{2}}\frac{\mathrm{d}x}{\sqrt{1-x^2}}$.

解:　注意到 arcsin 是 $x\mapsto\dfrac{1}{\sqrt{1-x^2}}$ 在 $(-1,1)$ 上的一个原函数, 我们有

$$\int_0^{\frac{1}{2}}\frac{\mathrm{d}x}{\sqrt{1-x^2}}=\Big[\arcsin(x)\Big]_0^{\frac{1}{2}}=\arcsin\left(\frac{1}{2}\right)-\arcsin(0)=\frac{\pi}{6}.$$

2.4.3　反余弦函数

定义 2.4.4　余弦函数限制在 $[0,\pi]$ 上是严格单调递减的连续函数. 因此它是从 $[0,\pi]$ 到 $[-1,1]$ 的双射, 故存在反函数, 其反函数称为*反余弦函数*, 记为 arccos 或 $\cos^{-1}$.

注意: 余弦函数本身并不是一一映射, 限制在区间 $[0,\pi]$ 才是！

例 2.4.5　由反余弦函数的定义, 我们知道 $\arccos(-1)=\pi$ 和 $\arccos\left(-\frac{1}{2}\right)=\frac{2\pi}{3}$.

注: (1) arccos 是从 $[-1,1]$ 到 $[0,\pi]$ 的双射.

(2) 对于任意 $x\in[0,\pi]$ 和 $y\in[-1,1]$, 有 $y=\cos(x) \iff x=\arccos(y)$.

(3) $\forall x\in[-1,1]$, $\cos(\arccos(x))=x$.

(4) $\forall x\in[0,\pi]$, $\arccos(\cos(x))=x$.

注意: 上面(4)式并不是对所有的 $x\in\mathbb{R}$ 都成立, 必须注意 x 的取值. 例如：

$$\arccos(\cos(2\pi))=\arccos(1)=0\neq 2\pi.$$

习题 2.4.6 计算 $\arccos\left(\cos\left(\dfrac{2017\pi}{4}\right)\right)$.

命题 2.4.5 反余弦函数有如下性质：

(i) arccos 既不是奇函数也不是偶函数；

(ii) arccos 在 $[-1,1]$ 上连续；

(iii) arccos 在 $(-1,1)$ 上可导, 且对任意 $x\in(-1,1)$, $\arccos'(x)=-\dfrac{1}{\sqrt{1-x^2}}$；

(iv) arccos 在 1 和 -1 处不可导, 其图像在点 $(1,0)$ 和 $(-1,\pi)$ 有竖直的切线；

(v) arccos 的图像关于点 $\left(0,\dfrac{\pi}{2}\right)$ 对称.

习题 2.4.7 证明上述命题, 并绘出反余弦函数 arccos 的图像.

(提示：证明 (v) 即证明, $\forall x\in[-1,1]$, $\arccos(-x)=\pi-\arccos(x)$.)

习题 2.4.8 考察函数 $f:\ x\mapsto \arccos(2x^2-1)$.

(1) 确定 f 的定义域和奇偶性.

(2) 研究 f 的连续性.

(3) 研究 f 的可导性：确定其可导区域, 并求导数.

(4) 通过研究导函数的原函数, 您能得到什么结论？

(5) 对您在(4)中所得结论给出几何解释.

2.4.4 反正切函数

定义 2.4.6 正切函数限制在 $\left(-\dfrac{\pi}{2},\dfrac{\pi}{2}\right)$ 上是严格单调递增的连续函数. 因此, 它是从 $\left(-\dfrac{\pi}{2},\dfrac{\pi}{2}\right)$ 到 $\mathbb{R}$ 的双射, 故存在反函数, 其反函数称为*反正切函数*, 记为 arctan 或 $\tan^{-1}$.

例 2.4.9　记 $I=\left(-\frac{\pi}{2},\frac{\pi}{2}\right)$, 由 $\tan(0)=0$ 和 $0\in I$ 知, $\arctan(0)=0$. 同样地, 由 $\tan\left(\frac{\pi}{4}\right)=1$ 和 $\frac{\pi}{4}\in I$ 知, $\arctan(1)=\frac{\pi}{4}$.

注: (1) 由定义, arctan 是从 $\mathbb{R}$ 到 $\left(-\frac{\pi}{2},\frac{\pi}{2}\right)$ 的双射.

(2) 设 $x\in\left(-\frac{\pi}{2},\frac{\pi}{2}\right)$, $y\in\mathbb{R}$, 有：$y=\tan(x) \iff x=\arctan(y)$.
即实数 y 的反正切值是在 $\left(-\frac{\pi}{2},\frac{\pi}{2}\right)$ 中唯一使得 $\tan(\theta)=y$ 成立的那个 θ 角.

(3) $\forall x\in\mathbb{R}, \tan(\arctan(x))=x$.

(4) $\forall x\in\left(-\frac{\pi}{2},\frac{\pi}{2}\right), \arctan(\tan(x))=x$.

注意: 上面(4)式成立的条件. 例如：$\arctan(\tan(\pi))=\arctan(0)=0\neq\pi$!

习题 2.4.10　计算 $\arctan\left(\frac{1}{2}\right)+\arctan\left(\frac{1}{3}\right)$.

命题 2.4.7　反正切函数有如下性质：

(i) arctan 是奇函数, $\lim\limits_{x\to-\infty}\arctan(x)=-\frac{\pi}{2}$ 和 $\lim\limits_{x\to+\infty}\arctan(x)=\frac{\pi}{2}$;

(ii) arctan 在 $\mathbb{R}$ 上可导, 并且 $\forall x\in\mathbb{R}$, $\arctan'(x)=\frac{1}{1+x^2}$;

(iii) arctan 的图像在原点处切线的一个方程是 $y=x$, 且 $\lim\limits_{x\to0}\frac{\arctan(x)}{x}=1$.

证明:

我们只给出导数的计算, 其他留作练习.
设 $x\in\mathbb{R}$, 由推论 2.1.15 得

$$\arctan'(x)=\frac{1}{\tan'(\arctan(x))}=\frac{1}{1+(\tan(\arctan(x)))^2}=\frac{1}{1+x^2}.$$

☒

习题 2.4.11　绘出反正切函数 arctan 的图像.

推论 2.4.8　函数 $x\mapsto\arctan(x)$ 是函数 $x\mapsto\frac{1}{1+x^2}$ 在 $\mathbb{R}$ 上的一个原函数.

例 2.4.12　由前述推论得：$\int_0^1\frac{\mathrm{d}x}{1+x^2}=[\arctan(x)]_0^1=\arctan(1)-\arctan(0)=\frac{\pi}{4}$.

我们用下面几个关于三角函数与反三角函数的公式结束本节：

命题 2.4.9 下列结论成立：

(i) $\forall x \in [-1,1]$, $\cos(\arcsin(x)) = \sqrt{1-x^2}$;

(ii) $\forall x \in [-1,1]$, $\sin(\arccos(x)) = \sqrt{1-x^2}$;

(iii) $\forall x \in [-1,1]$, $\arccos(x) + \arcsin(x) = \dfrac{\pi}{2}$;

(iv) $\forall x \in \mathbb{R}^*$, $\arctan(x) + \arctan\left(\dfrac{1}{x}\right) = \mathrm{sgn}(x) \times \dfrac{\pi}{2}$,

其中 sgn 是符号函数, 即 $x > 0$ 时 $\mathrm{sgn} = 1$; $x = 0$ 时 $\mathrm{sgn} = 0$; $x < 0$ 时 $\mathrm{sgn} = -1$.

证明:

(i) 设 $x \in [-1,1]$, 则 $\arcsin(x) \in \left[-\dfrac{\pi}{2}, \dfrac{\pi}{2}\right]$. 因此, $\cos(\arcsin(x)) \geqslant 0$. 从而,

$\cos(\arcsin(x)) = \sqrt{\cos^2(\arcsin(x))} = \sqrt{1-\sin^2(\arcsin(x))} = \sqrt{1-x^2}$.

同样的方法, 我们可以证明 (ii).

(iii) 设 $x \in [-1,1]$. 令 $\theta = \arccos(x)$, $\varphi = \arcsin(x)$, 则

$$\cos(\theta) = x = \sin(\varphi) = \cos\left(\frac{\pi}{2} - \varphi\right).$$

此外, 由定义, $\theta \in [0,\pi]$; $\varphi \in \left[-\dfrac{\pi}{2}, \dfrac{\pi}{2}\right]$, 从而 $\dfrac{\pi}{2} - \varphi \in [0,\pi]$.
注意到余弦函数限制在 $[0,\pi]$ 上是一一映射, 所以有 $\theta = \dfrac{\pi}{2} - \varphi$, 即 $\arccos(x) = \dfrac{\pi}{2} - \arcsin(x)$. 移项即得 (iii).

(iv) 对于 $x \in \mathbb{R}^*$, 定义 $f(x) = \arctan(x) + \arctan\left(\dfrac{1}{x}\right)$, 则 f 在 $(-\infty,0)$ 和 $(0,+\infty)$ 上可导, 且 $\forall x \in \mathbb{R}^*$, $f'(x) = \dfrac{1}{1+x^2} + \left(-\dfrac{1}{x^2}\right) \cdot \dfrac{1}{1+\left(\dfrac{1}{x}\right)^2} = \dfrac{1}{1+x^2} - \dfrac{1}{1+x^2} = 0$.

因此 f 分别限制在区间 $(-\infty,0)$ 和 $(0,+\infty)$ 上为常函数.

此外有

$$f(1) = \arctan(1) + \arctan(1) = \frac{\pi}{4} + \frac{\pi}{4} = \frac{\pi}{2},$$

$$f(-1) = \arctan(-1) + \arctan(-1) = -\frac{\pi}{4} - \frac{\pi}{4} = -\frac{\pi}{2},$$

所以 $f|_{(0,+\infty)} = \frac{\pi}{2}$ 和 $f|_{(-\infty,0)} = -\frac{\pi}{2}$. 这就证明了 (iv). ☒

注: 对于严格正的实数 x, 我们可以用图2.5说明 (ii) 成立.

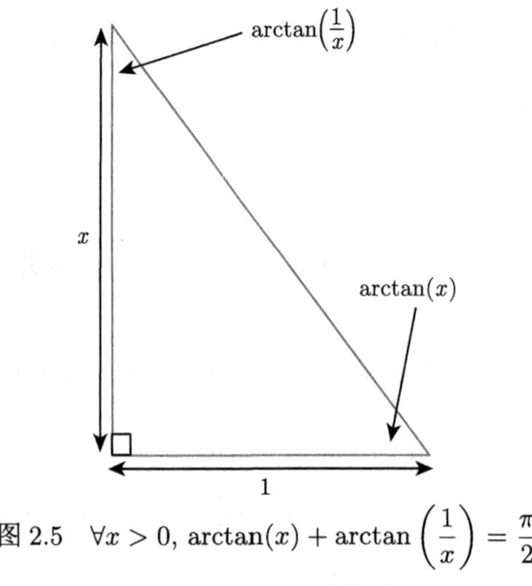

图 2.5　$\forall x > 0,\ \arctan(x) + \arctan\left(\frac{1}{x}\right) = \frac{\pi}{2}$

2.5　函数值的比较 (在一点附近)

约定 : 本节中我们考察定义在 $a \in \overline{\mathbb{R}}$ 附近的一元实变量函数, 但在 a 可能没有定义, 且函数值在 a 附近不为零, 但当函数在 a 有定义时, 函数值在 a 可能为零.

2.5.1　小 o 和大 O

定义 2.5.1　在前述约定下, 如果函数 f 和 g 满足以下两个条件:

(1) $\lim\limits_{x \to a} \frac{f(x)}{g(x)} = 0$;

(2) 若 f 和 g 都在 a 有定义且 $g(a) = 0$, 则有 $f(a) = 0$.

那么我们称f 在 a 附近是 g 的小 o. 此时, 我们记 $f \underset{a}{=} o(g)$ 或 $f(x) \underset{x \to a}{=} o(g(x))$.

定义 2.5.2 在前述约定下, 如果函数 f 和 g 满足以下两个条件:

(1) $\dfrac{f}{g}$ 在 a 附近有界;

(2) 若 f 和 g 都在 a 有定义且 $g(a)=0$, 则有 $f(a)=0$.

那么我们称f 在 a 附近是 g 的大 O. 此时, 我们记 $f \underset{a}{=} O(g)$ 或 $f(x) \underset{x\to a}{=} O(g(x))$.

例 2.5.1 看下面的例子:

(1) 由比较增长率 $\lim\limits_{x\to+\infty} \dfrac{\ln x}{x}=0$, 所以 $\ln(x) \underset{x\to+\infty}{=} o(x)$;

(2) $\forall\alpha\in\mathbb{R}$, $x^\alpha \underset{x\to+\infty}{=} o(e^x)$;

(3) 我们知道正弦函数在 $\mathbb{R}$ 上是有界的, 所以 $\sin(x) \underset{x\to+\infty}{=} O(1)$;

(4) $x\cos\left(\dfrac{1}{x}\right) \underset{x\to 0}{=} O(x)$;

(5) $x^2 \underset{x\to 0}{=} o(x)$ 和 $x \underset{x\to+\infty}{=} o(x^2)$.

注: (1) $f \underset{a}{=} o(g)$ 意味着在 a 附近, f 较 g 可以被忽略.

(2) $f \underset{a}{=} O(g)$ 意味着在 a 附近, f 可以由 g 控制.

(3) $f \underset{a}{=} o(g)$ 仅是一个符号. 由 $f \underset{a}{=} o(h)$ 和 $g \underset{a}{=} o(h)$ 并**不能**直接推出 $f=g$.
例如, $x^2 \underset{x\to 0}{=} o(x)$ 和 $x^3 \underset{x\to 0}{=} o(x)$, 但是函数 $x\mapsto x^2$ 和 $x\mapsto x^3$ 不相等!

(4) 类似地, 对于 $f \underset{a}{=} O(g)$ 亦如是.
例如, $\sin(x) \underset{x\to+\infty}{=} O(1)$ 和 $\cos(x) \underset{x\to+\infty}{=} O(1)$, 但是 $\sin\neq\cos$!

推论 2.5.3 特别地, 我们有

(i) $f \underset{a}{=} o(1) \iff \lim\limits_{x\to a} f(x)=0$;

(ii) $f \underset{a}{=} O(1) \iff f$ 在 a 附近有界.

证明:

在定义中, 取 $g=1$ 即得. ☒

由定义和极限运算法则容易验证以下结论. 请读者自证!

命题 2.5.4　设函数 f, g, φ, ψ 符合我们的约定.

(i) 如果 $f \underset{a}{=} o(g)$, $g \underset{a}{=} o(\psi)$, 则 $f \underset{a}{=} o(\psi)$ (我们称小 o 具有传递性);

(ii) 如果 $f \underset{a}{=} o(g)$, $g \underset{a}{=} O(\psi)$, 则 $f \underset{a}{=} o(\psi)$;

(iii) 如果 $f \underset{a}{=} o(g)$, $\varphi \underset{a}{=} o(\psi)$, 则 $f\varphi \underset{a}{=} o(g\psi)$;

(iv) 如果 $f \underset{a}{=} o(g)$, $\varphi \underset{a}{=} O(\psi)$, 则 $f\varphi \underset{a}{=} o(g\psi)$;

(v) 如果 $f \underset{a}{=} o(\varphi)$, $g \underset{a}{=} o(\varphi)$, 则 $f + g \underset{a}{=} o(\varphi)$.

注: (1) 如果 $f \underset{a}{=} o(g)$ 且 $\lambda \in \mathbb{R}$, 那么是否有 $\lambda f \underset{a}{=} o(g)$?

(2) 如果存在 $\lambda \in \mathbb{R}^*$ 使得 $f \underset{a}{=} o(\lambda g)$, 那么是否有 $f \underset{a}{=} o(g)$?

2.5.2　函数的等价性

定义 2.5.5　设函数 f 和 g 满足我们的约定. 如果

(1) $\lim\limits_{x \to a} \dfrac{f(x)}{g(x)} = 1$;

(2) 若 f 和 g 都在 a 有定义且 $g(a) = 0$, 则有 $f(a) = 0$.

那么我们就说 f 在 a 附近与 g 等价, 记为 $f \underset{a}{\sim} g$ 或 $f(x) \underset{x \to a}{\sim} g(x)$.

注: (1) 若 f 或 g 在 a 无定义, 则 $f \underset{a}{\sim} g$ 是指 $\lim\limits_{\substack{x \to a \\ x \neq a}} \dfrac{f(x)}{g(x)} = 1$.

(2) 若 f 和 g 都在 a 有定义, 则 $f \underset{a}{\sim} g$ 是指 $\lim\limits_{\substack{x \to a \\ x \neq a}} \dfrac{f(x)}{g(x)} = 1$ 且 $f(a) = g(a)$.

(3) 粗略地说, f 和 g 在 a 附近等价意味着 f 和 g 在 a 附近有相近似的表现.

例 2.5.2　我们知道 $\lim\limits_{x \to 0} \dfrac{\sin(x)}{x} = 1$, 因此 $\sin(x) \underset{x \to 0}{\sim} x$;

又有 $\lim\limits_{x \to 1} \dfrac{\ln(x)}{x - 1} = 1$, 因此 $\ln(x) \underset{x \to 1}{\sim} x - 1$;

再有 $\lim\limits_{x \to 0} \dfrac{e^x - 1}{x} = 1$, 因此 $e^x - 1 \underset{x \to 0}{\sim} x$.

习题 2.5.3　在 2.2—2.4 节中找出至少 7 个等价关系.

命题 2.5.6 关系 $\underset{a}{\sim}$ 是一个等价关系, 即：

(i) $\underset{a}{\sim}$ 是自反的: 对任意函数 f, $f \underset{a}{\sim} f$;

(ii) $\underset{a}{\sim}$ 是对称的: 对任意函数 f 和 g, $f \underset{a}{\sim} g \Longrightarrow g \underset{a}{\sim} f$;

(iii) $\underset{a}{\sim}$ 是传递的: 对任意函数 f, g 和 h, $(f \underset{a}{\sim} g$ 和 $g \underset{a}{\sim} h) \Longrightarrow f \underset{a}{\sim} h$.

证明:

设 f, g 和 h 是满足前述约定的三个函数. 则有 f, g 和 h 都在 a 附近不为零, 但在 a 可能为零. 因此我们有

(i) $\lim\limits_{x \to a} \dfrac{f(x)}{f(x)} = \lim\limits_{x \to a} 1 = 1$. 所以 $f \underset{a}{\sim} f$.

(ii) 假设 $f \underset{a}{\sim} g$, 则有

(1) $\lim\limits_{\substack{x \to a \\ x \neq a}} \dfrac{f(x)}{g(x)} = 1$;

(2) 若 f 和 g 都在 a 有定义, 则 $f(a) = g(a)$.

根据极限运算法则, 极限(1)可推出 $\lim\limits_{\substack{x \to a \\ x \neq a}} \dfrac{g(x)}{f(x)} = 1$. 因此 $g \underset{a}{\sim} f$.

(iii) 假设 $f \underset{a}{\sim} g$ 和 $g \underset{a}{\sim} h$, 则有

(1′) $\lim\limits_{\substack{x \to a \\ x \neq a}} \dfrac{f(x)}{g(x)} = 1$ 和 $\lim\limits_{\substack{x \to a \\ x \neq a}} \dfrac{g(x)}{h(x)} = 1$;

(2′) 若 f, g 和 h 都在 a 有定义, 则 $f(a) = g(a) = h(a)$.

根据极限运算法则, (1′)可推出

$$\lim_{\substack{x \to a \\ x \neq a}} \frac{f(x)}{h(x)} = \lim_{\substack{x \to a \\ x \neq a}} \frac{f(x)}{g(x)} \times \lim_{\substack{x \to a \\ x \neq a}} \frac{g(x)}{h(x)} = 1.$$

因此由等价的定义知 $f \underset{a}{\sim} h$. ⊠

命题 2.5.7 设 l 是一个非零常数. 我们有 $\lim\limits_{x \to a} f(x) = l \iff f \underset{a}{\sim} l$.

命题 2.5.8 $f \underset{a}{\sim} g \iff f - g \underset{a}{=} o(g)$.

证明:

若 f 或 g 在 a 没有定义, 我们有

$$\begin{aligned} f \underset{a}{\sim} g &\Longleftrightarrow \lim_{x\to a} \frac{f(x)}{g(x)} = 1 \qquad (\text{等价的定义}) \\ &\Longleftrightarrow \lim_{x\to a} \left(\frac{f(x)}{g(x)} - 1\right) = 0 \\ &\Longleftrightarrow \lim_{x\to a} \frac{f(x)-g(x)}{g(x)} = 0 \\ &\Longleftrightarrow f - g \underset{a}{=} o(g) \qquad (\text{小 } o \text{ 的定义}) \end{aligned}$$

若 f 和 g 都在 a 有定义, 则 $f \underset{a}{\sim} g$ 和 $f - g \underset{a}{=} o(g)$ 都蕴含 $f(a) = g(a)$.
因此命题得证. ⊠

注: 若 $g \underset{a}{=} o(f)$, 由上述命题得 $(f+g) - f = g \underset{a}{=} o(f)$, 所以 $f + g \underset{a}{\sim} f$. 这就要求我们在练习中通常要计算最简的等价形式.

命题 2.5.9 设 $f \underset{a}{\sim} g$ 且极限 $\lim\limits_{x\to a} g(x)$ 存在(可以是无穷大). 那么极限 $\lim\limits_{x\to a} f(x)$ 存在, 且 $\lim\limits_{x\to a} f(x) = \lim\limits_{x\to a} g(x)$.

证明:

设 f 和 g 是满足本节约定的两个函数. 则它们在 a 附近不为零.
若 f 或 g 在 a 无定义. 对于在 a 附近但不等于 a 的 x, $f(x) = \dfrac{f(x)}{g(x)} \times g(x)$.
由 $f \underset{a}{\sim} g$, 我们知道 $\lim\limits_{\substack{x\to a\\ x\neq a}} \dfrac{f(x)}{g(x)} = 1$, 又因为 $\lim\limits_{x\to a} g(x)$ 存在, 由极限乘法运算法则知, $\lim\limits_{\substack{x\to a\\ x\neq a}} f(x)$ 存在, 且 $\lim\limits_{\substack{x\to a\\ x\neq a}} f(x) = \lim\limits_{\substack{x\to a\\ x\neq a}} g(x)$.
若 f 和 g 都在 a 有定义, 则 $f \underset{a}{\sim} g$ 以及 f 和 g 在 a 极限存在且相等都蕴含 $f(a) = g(a)$.
因此命题得证. ⊠

注: 此结论在实际应用中非常重要, 我们经常利用等价求极限.

例 2.5.4 研究函数 $f: x \mapsto e^x + x^3 - 10x$ 在 $+\infty$ 处的等价以及极限.

由比较增长率可知 $x^3 \underset{x\to+\infty}{=} o(e^x)$ 和 $x \underset{x\to+\infty}{=} o(e^x)$, 于是有 $x^3 - 10x \underset{x\to+\infty}{=} o(e^x)$.
所以 $f(x) \underset{x\to+\infty}{=} e^x + o(e^x)$. 从而, $f(x) \underset{x\to+\infty}{\sim} e^x$.
此外, 由 $\lim\limits_{x\to+\infty} e^x = +\infty$ 和命题 2.5.9 得 $\lim\limits_{x\to+\infty} f(x) = +\infty$.

命题 2.5.10 假设 $f \underset{a}{\sim} g$ 和 $\varphi \underset{a}{\sim} \psi$. 那么有

$$f\varphi \underset{a}{\sim} g\psi \quad \text{和} \quad \frac{f}{\varphi} \underset{a}{\sim} \frac{g}{\psi}.$$

但是, 一般地, $f+\varphi \not\sim g+\psi$ 和 $h\circ f \not\sim h\circ g$.

证明:

直接由等价的定义可证. (留作练习.)
关于后面的结论, 我们给出两个反例.

(1) 设 $x\in\mathbb{R}$, 令 $f(x)=x+1$, $g(x)=x^2+1$ 和 $\psi(x)=\varphi(x)=-1$. 明显地, $f \underset{0}{\sim} g$ 和 $\varphi \underset{0}{\sim} \psi$, 但是 $f+\varphi \underset{0}{\sim} x$ 和 $g+\psi \underset{0}{\sim} x^2$. 并且在 0 附近, $x \not\sim x^2$! 所以在 0 附近, $f+\varphi \not\sim g+\psi$!

(2)虽然 $x \underset{x\to+\infty}{\sim} x+1$, 但 $e^{x+1}=e\times e^x \not\sim e^x$, 因 $\lim\limits_{x\to+\infty} \dfrac{e^{x+1}}{e^x}=e\neq 1$. ⊠

推论 2.5.11 设 $n\in\mathbb{N}^*$, $k\in\mathbb{R}^*$, $f \underset{a}{\sim} g$, 则

$$f^n \underset{a}{\sim} g^n \quad \text{和} \quad kf \underset{a}{\sim} kg.$$

命题 2.5.12 设函数 f, g 符合我们的约定. 假设它们在 a 附近取严格正的值, 并且 $f \underset{a}{\sim} g$. 那么对任意实数 α, $f^\alpha \underset{a}{\sim} g^\alpha$.

证明:

设 $\alpha\in\mathbb{R}$. 因为在 a 附近 $f>0$ 和 $g>0$, 从而 f^α 和 g^α 是良好定义的.
假设 $f \underset{a}{\sim} g$. 我们有 $\lim\limits_{\substack{x\to a\\ x\neq a}} \dfrac{f(x)}{g(x)}=1$. 又有 $\lim\limits_{x\to 1} x^\alpha = 1^\alpha = 1$ (由幂函数在 1 的连续性). 由复合函数极限法则知 $\lim\limits_{\substack{x\to a\\ x\neq a}} \dfrac{f^\alpha(x)}{g^\alpha(x)}=1$.
若 f 和 g 都在 a 有定义且 $f(a)>0$ 和 $g(a)>0$, 由于此时等价蕴含着 $f(a)=g(a)$, 所以有 $(f(a))^\alpha=(g(a))^\alpha$. 因此 $f^\alpha \underset{a}{\sim} g^\alpha$. ⊠

命题 2.5.13　我们把常用的函数等价总结为表 2.5 所示.

表 2.5　常用函数等价

$\sin x \underset{x\to 0}{\sim} x$	$1-\cos(x) \underset{x\to 0}{\sim} \dfrac{x^2}{2}$	$\tan x \underset{x\to 0}{\sim} x$
$\operatorname{sh}(x) \underset{x\to 0}{\sim} x$	$\operatorname{ch}(x)-1 \underset{x\to 0}{\sim} \dfrac{x^2}{2}$	$\operatorname{th}(x) \underset{x\to 0}{\sim} x$
$\arcsin(x) \underset{x\to 0}{\sim} x$	$\arccos(x) \underset{x\to 1^-}{\sim} \sqrt{2(1-x)}$	$\arctan x \underset{x\to 0}{\sim} x$
$\operatorname{Argsh}(x) \underset{x\to 0}{\sim} x$	$\operatorname{Argch}(x) \underset{x\to 1^+}{\sim} \sqrt{2(x-1)}$	$\operatorname{Argth}(x) \underset{x\to 0}{\sim} x$
$\ln(1+x) \underset{x\to 0}{\sim} x$	$e^x-1 \underset{x\to 0}{\sim} x$	$(1+x)^\alpha-1 \underset{x\to 0}{\sim} \alpha x$ (其中 $\alpha\in\mathbb{R}^*$)

证明:

我们只证明其中的两个, 其他留作练习.

对于 $h>0$, 由命题 2.3.5 我们有

$$\operatorname{Argch}(1+h)=\ln\left(1+h+\sqrt{(1+h)^2-1}\right)=\ln(1+h+\sqrt{2h+h^2}).$$

令 $u(h)=h+\sqrt{2h+h^2}$, 则 $\lim\limits_{h\to 0}u(h)=0$. 利用等价关系 $\ln(1+x)\underset{x\to 0}{\sim} x$ 得

$$\operatorname{Argch}(1+h)=\ln(1+u(h))\underset{h\to 0}{\sim} u(h).$$

我们有 $u(h)=h+\sqrt{2h}\sqrt{1+\dfrac{1}{2}h}$.

由 $\lim\limits_{h\to 0}\sqrt{1+\dfrac{1}{2}h}=1$ 得 $\sqrt{1+\dfrac{1}{2}h}\underset{h\to 0}{\sim} 1$, 所以 $\sqrt{2h}\sqrt{1+\dfrac{1}{2}h}\underset{h\to 0}{\sim}\sqrt{2h}$, 所以

$\sqrt{2h}\sqrt{1+\dfrac{1}{2}h}\underset{h\to 0}{=}\sqrt{2h}+o(\sqrt{2h})$. 又有 $h\underset{h\to 0}{=}o(\sqrt{2h})$.

所以 $u(h)\underset{h\to 0}{=}o(\sqrt{2h})+\sqrt{2h}+o(\sqrt{2h})\underset{h\to 0}{=}\sqrt{2h}+o(\sqrt{2h})$, 即

$$u(h) \underset{h\to 0}{\sim} \sqrt{2h}.$$

所以 $\operatorname{Argch}(1+h) \underset{h\to 0}{\sim} \sqrt{2h}$. 因此

$$\operatorname{Argch}(x) \underset{x\to 1^+}{\sim} \sqrt{2(x-1)}.$$

对于 $\alpha \in \mathbb{R}^*$ 令 $f:\ x \mapsto x^\alpha$, 则 f 在 1 可导.
由导数的定义, $\lim\limits_{x\to 0} \dfrac{(x+1)^\alpha - 1}{x} = f'(1) = \alpha \neq 0$.
所以 $\dfrac{(x+1)^\alpha - 1}{x} \underset{x\to 0}{\sim} \alpha$. 因此

$$(1+x)^\alpha - 1 \underset{x\to 0}{\sim} \alpha x.$$ ⊠

例 2.5.5 找出函数 $f:\ x \mapsto \dfrac{\ln(1+\tan^3(2x))}{\sin^2(3x)}$ 在 0 附近的简单等价形式.

解:

— <u>计算分子的等价:</u>
因为 $\lim\limits_{x\to 0} 2x = 0$ 和 $\tan x \underset{x\to 0}{\sim} x$, 所以 $\tan(2x) \underset{x\to 0}{\sim} 2x$.
故 $\tan^3(2x) \underset{x\to 0}{\sim} (2x)^3 \underset{x\to 0}{\sim} 8x^3$. 所以 $\lim\limits_{x\to 0} \tan^3(2x) = \lim\limits_{x\to 0}(8x^3) = 0$.
又因为 $\ln(1+x) \underset{x\to 0}{\sim} x$, 所以 $\ln(1+\tan^3(2x)) \underset{x\to 0}{\sim} \tan^3(2x) \underset{x\to 0}{\sim} 8x^3$.

— <u>计算分母的等价:</u>
因为 $\lim\limits_{x\to 0} 3x = 0$ 和 $\sin x \underset{x\to 0}{\sim} x$, 所以 $\sin(3x) \underset{x\to 0}{\sim} 3x$.
故 $\sin^2(3x) \underset{x\to 0}{\sim} (3x)^2 \underset{x\to 0}{\sim} 9x^2$.

— <u>f 的等价:</u>
因此有 $\boxed{f(x) \underset{x\to 0}{\sim} \dfrac{8x^3}{9x^2} \underset{x\to 0}{\sim} \dfrac{8}{9}x.}$

习题 2.5.6 找出函数 $g:\ x \mapsto \dfrac{\sqrt{\cos(2x)} - 1}{\sinh(x)}$ 在 0 附近的简单等价形式, 并确定其极限.

最后, 我们以如下重要结论及其应用来结束本节.

定理 2.5.14 如果 $f \underset{a}{\sim} g$, 则 f 和 g 在 a 附近有相同的符号.

例 2.5.7 设 $f:\ x \mapsto 1 + x\cos\left(\dfrac{1}{x}\right)$. 我们来研究当 $x \to +\infty$ 时, f 的表现.

我们有 $\lim\limits_{x\to+\infty}\dfrac{1}{x}=0$ 和 $1-\cos(x)\underset{x\to0}{\sim}\dfrac{1}{2}x^2$. 因此,

$$1-\cos\left(\frac{1}{x}\right)\underset{x\to+\infty}{\sim}\frac{1}{2x^2}.$$

所以

$$1-\cos\left(\frac{1}{x}\right)\underset{x\to+\infty}{=}\frac{1}{2x^2}+o\left(\frac{1}{2x^2}\right)\underset{x\to+\infty}{=}\frac{1}{2x^2}+o\left(\frac{1}{x^2}\right).$$

从而

$$\cos\left(\frac{1}{x}\right)\underset{x\to+\infty}{=}1-\frac{1}{2x^2}+o\left(\frac{1}{x^2}\right).$$

因此

$$f(x)\underset{x\to+\infty}{=}1+x\left(1-\frac{1}{2x^2}+o\left(\frac{1}{x^2}\right)\right),$$

即

$$f(x)\underset{x\to+\infty}{=}x+1-\frac{1}{2x}+o\left(\frac{1}{x}\right).$$

从而

$$(f(x)-(x+1))\underset{x\to+\infty}{\sim}-\frac{1}{2x}.$$

由 $\lim\limits_{x\to+\infty}\dfrac{1}{2x}=0$, 我们有 $\lim\limits_{x\to+\infty}(f(x)-(x+1))=0$. 所以, 直线 $y=x+1$ 是 f 的图像在 x 趋于正无穷大时的渐近线. 此外, 对充分大的正数 x, $-\dfrac{1}{2x}<0$. 由定理 2.5.14, 对充分大的正数 x, 有 $f(x)-(x+1)<0$. 所以, 当 $x\to+\infty$ 时, f 的图像在其渐近线的下方.

注: 为了确定函数的极限, 我们可以尝试找一个与该函数等价的简单函数, 通过求简单函数的极限来确定原来函数的极限. 此外, 为了确定两个函数 f 和 g 的图像的局部位置关系, 我们可以研究与 $f-g$ 等价的函数的符号.

第 3 章 复　数

3.1 复数的定义与几何解释

定义 3.1.1 复数集是所有形如 $x+iy$ 的数的集合, 记作 $\mathbb{C}$, 其中 $(x,y)\in\mathbb{R}^2$, i 是一个"符号" (或新的数), 满足 $i^2=-1$.

注: 关于上述定义说明如下:

(1) 上述定义并不是一个严格的形式定义, 也没有给出复数域的构造, 但是它是我们中学时所熟知的, 因而不那么抽象.

(2) 事实上, 一个复数是一对有序实数 x 和 y, 记作 $x+iy$. 因此 $\mathbb{C}$ 与 $\mathbb{R}^2$ 之间是一一对应, 我们常将复数集 $\mathbb{C}$ 与 $\mathbb{R}^2$ 等同, 从而复数的这种表示是唯一的(见命题 3.1.2).

(3) i 是一个符号, 但定义 3.2.1 所定义的运算决定了 $i^2=-1$.

(4) 由于每个实数 x 唯一对应 $\mathbb{R}^2$ 中的实数对 $(x,0)$, 我们常将实数集 $\mathbb{R}$ 看成复数集 $\mathbb{C}$ 的一个子集, 即 $\mathbb{R}\subset\mathbb{C}$. 具体地, 任意 $x\in\mathbb{R}$, 可以写成 $x=x+i0$.

例 3.1.1 $z=3+i$ 是一个复数, $e+i\ln(2)$ 也是一个复数, 它们分别与有序实数对 $(3,1)$ 和 $(e,\ln(2))$ 相对应.

命题 3.1.2 任意复数 z 可唯一地写为 $z=x+iy$, 其中 $(x,y)\in\mathbb{R}^2$. 换言之, 对任意的实数 x,x',y,y',

$$x+iy=x'+iy'\Longrightarrow\begin{cases}x=x',\\y=y'.\end{cases}$$

此唯一形式称为 z 的代数形式.

定义 3.1.3 设 $z \in \mathbb{C}$, 其代数形式为 $z = x + iy$, 其中 $(x, y) \in \mathbb{R}^2$, 那么我们定义:

(i) z 的实部, 记为 $\Re e(z)$, 为实数 $\Re e(z) = x$;

(ii) z 的虚部, 记为 $\Im m(z)$, 为实数 $\Im m(z) = y$;

(iii) z 是一个纯虚数, 如果 $\Re e(z) = 0$.

例 3.1.2 $2i$, i, $-i$, $-5i$ 这些数都是纯虚数.

注: 对于复数 z, 我们有

$$z \in \mathbb{R} \iff \Im m(z) = 0;$$

$$z \in i\mathbb{R} \iff \Re e(z) = 0.$$

几何解释:

我们中学时就知道, 在建有直角坐标系的 Euclid 平面中, 平面中的点和坐标(即有序实数对)是一一对应的. 现在我们又知道了, 全体有序实数对(即 $\mathbb{R}^2$) 与复数集 $\mathbb{C}$ 是一一对应. 因此, 平面中的点与复数也是一一对应的. 具体地讲,

(i) 对于平面中每个点 M, 有唯一一个复数 $z = x + iy$ 与 M 对应, 其中 (x, y) 是 M 的坐标. 我们称 z 是 M 的复标.

(ii) 对于每个复数 $z = x + iy$, 有唯一一个点 $M(x, y)$ 与 z 对应, 其中 M 是坐标为 (x, y) 的点. 我们称 M 是复数 z 在平面中的像点.

因此在建有直角坐标系的 Euclid 平面中(图 3.1), 我们有: $M(x, y) \mapsto z = x + iy$ 是从 Euclid 平面到复数集的一个一一对应(或双射). 这使得我们可以将复数集 $\mathbb{C}$ 与 Euclid 平面等同起来, 此时我们称它为复平面, 称 x-轴为实轴, 称 y-轴为虚轴.

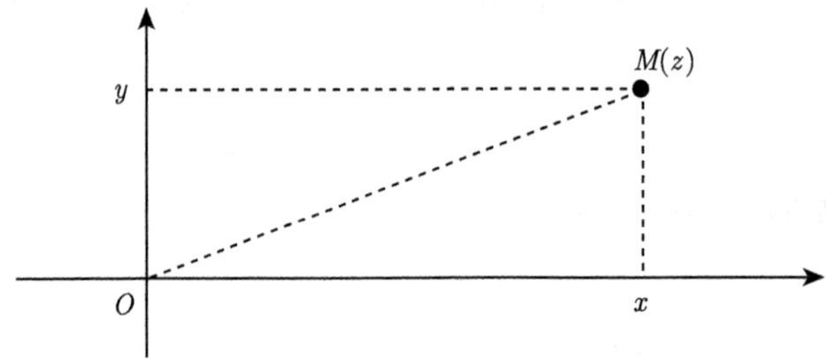

图 3.1　复数 z 及其在复平面的对应点 $M(z)$

3.2 复数的运算和向量

定义 3.2.1 我们定义复数集 $\mathbb{C}$ 中的两个运算: 加法 $+$ 和乘法 $\times$. 对任意的两个复数 $z=x+iy$ 和 $z'=x'+iy'$, 其中 x,x',y,y' 是四个实数,

(i) *加法* : $z+z' := (x+x')+i(y+y')$;

(ii) *乘法* : $z\times z' := (x\times x'-y\times y')+i(x\times y'+x'\times y)$.

习题 3.2.1 给出复数 $(1+i)+(-3+4i)$ 和 $(1+i)\times(-3+4i)$ 的代数形式.

命题 3.2.2 $\mathbb{C}$ 关于 $+$ 有如下性质.

(i) $+$ 满足结合律: $\forall z_1,z_2,z_3\in\mathbb{C}, (z_1+z_2)+z_3=z_1+(z_2+z_3)$;

(ii) 存在单位元 $0_{\mathbb{C}}$ 满足: $\forall z\in\mathbb{C},\ z+0_{\mathbb{C}}=0_{\mathbb{C}}+z=z$, 称 $0_{\mathbb{C}}$ 为“*零元*”;

(iii) $\mathbb{C}$ 中任意一个元素关于 $+$ 都有逆元, 即对任意的 $z\in\mathbb{C}$, 都存在 $z'\in\mathbb{C}$ 使得 $z+z'=z'+z=0_{\mathbb{C}}$;

(iv) $+$ 满足交换律: $\forall z_1,z_2\in\mathbb{C},\ z_1+z_2=z_2+z_1$.

定理 3.2.3 $\mathbb{C}$ 关于 $\times$ 有如下性质.

(i) $\times$ 满足结合律: $\forall z_1,z_2,z_3\in\mathbb{C},\ (z_1\times z_2)\times z_3=z_1\times(z_2\times z_3)$;

(ii) $\times$ 关于 $+$ 满足(左和右)分配律, 即对任意 $z_1,z_2,z_3\in\mathbb{C}$, 我们有
$$z_1\times(z_2+z_3)=z_1\times z_2+z_1\times z_3 \quad 和 \quad (z_1+z_2)\times z_3=z_1\times z_3+z_2\times z_3;$$

(iii) 存在单位元 $1_{\mathbb{C}}$ 满足: $\forall z\in\mathbb{C},\ z\times 1_{\mathbb{C}}=1_{\mathbb{C}}\times z=z$, 称 $1_{\mathbb{C}}$ 为“*幺元*”;

(iv) $\mathbb{C}$ 中任意一个非零元关于 $\times$ 有逆元, 即对任意 $z\in\mathbb{C}^*=\mathbb{C}\setminus\{0\}$, 存在 $z'\in\mathbb{C}$ 使得 $z\times z'=z'\times z=1_{\mathbb{C}}$;

(v) $\times$ 满足交换律: $\forall z_1,z_2\in\mathbb{C},\ z_1\times z_2=z_2\times z_1$.

注: (1) 不难验证, $\mathbb{C}$ 中的*零元*是复数 0, *幺元*是复数 1.

(2) 事实上, 一个复数 z 关于 $+$ 的逆元是唯一的, 我们通常记作“$-z$”; 一个非零复数 z 关于 $\times$ 的逆元也是唯一的, 我们通常记作“z^{-1}”.

(3) 我们将满足命题 3.2.2 中性质 (i)—(iv) 的 ($\mathbb{C}$, $+$) 称为一个*交换群*(或 Abel *群*); 将满足命题 3.2.2 和定理 3.2.3 中所有性质的 ($\mathbb{C}$, $+$, $\times$) 称为一个*数域*. 我们将在《大学数学基础》中介绍关于群和域的一般知识.

例 3.2.2 求 $z=1+2i$ 分别关于加法 $(+)$ 和乘法 $(\times)$ 的逆元.

解: 由加法的定义不难验证 z 关于加法 $(+)$ 的逆元是 $-1-2i$.
因为 $z\neq 0$, 所以 z 关于乘法 $(\times)$ 存在逆元.
设 $x+iy$ 是 z 的逆元. 我们有

$$\begin{aligned}
z\times(x+iy)=1 &\iff (1+2i)\times(x+iy)=1\\
&\iff (x-2y)+i(2x+y)=1\\
&\iff \begin{cases} x-2y=1 & (L_1)\\ 2x+y=0 & (L_2)\end{cases} \quad \text{(代数形式的唯一性)}\\
&\iff \begin{cases} 5x=1 & (L_1\leftarrow L_1+2L_2)\\ y=-2x & (L_2\leftarrow L_2)\end{cases}\\
&\iff \begin{cases} x=\dfrac{1}{5},\\ y=-\dfrac{2}{5}.\end{cases}
\end{aligned}$$

所以 $\boxed{1+2i \text{ 关于乘法 } (\times) \text{ 的逆元是 } \frac{1}{5}-\frac{2}{5}i.}$

我们知道, 平面中的向量由它的长度和方向决定, 与位置无关. 因此在有原点 O 的平面中, 对于每个向量 $\overrightarrow{w}$, 存在唯一一个点 M 使得 $\overrightarrow{w}=\overrightarrow{OM}$. 而点 M 又唯一地对应一个复数 z. 这使得我们可以定义向量的复标(图3.2).

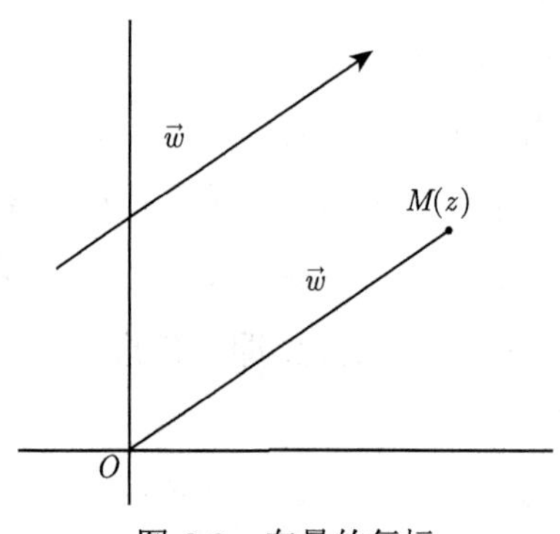

图 3.2　向量的复标

定义 3.2.4 设 $\overrightarrow{w}$ 是平面中的一个向量, 我们定义 $\overrightarrow{w}$ 的复标为满足 $\overrightarrow{OM(z)}=\overrightarrow{w}$ 的点 M 的复标 z.

注: 如果 $\overrightarrow{w}$ 的坐标是 (x,y), 那么其复标是 $z=x+iy$. 反之亦然.

命题 3.2.5 设 $\overrightarrow{w}, \overrightarrow{w}'$ 是平面中的两个向量, 其复标分别为 z 和 z', 设 $k \in \mathbb{R}$. 那么,

(i) 向量 $\overrightarrow{w} + \overrightarrow{w}'$ 的复标是 $z + z'$;

(ii) 向量 $k\overrightarrow{w}$ 的复标是 kz;

(iii) 向量 $\overrightarrow{M(z)M(z')}$ 的复标是 $z' - z$.

定义 3.2.6 设 $z \in \mathbb{C}$, 其代数形式为 $z = x + iy$, $(x, y) \in \mathbb{R}^2$. 定义 z 的共轭, 记作 $\bar{z}$, 为复数 $\bar{z} = x - iy$.

几何解释: $M(z)$ 与 $M(\bar{z})$ 关于x-轴对称; $M(z)$ 与 $M(-z)$ 关于原点 O 对称(图3.3).

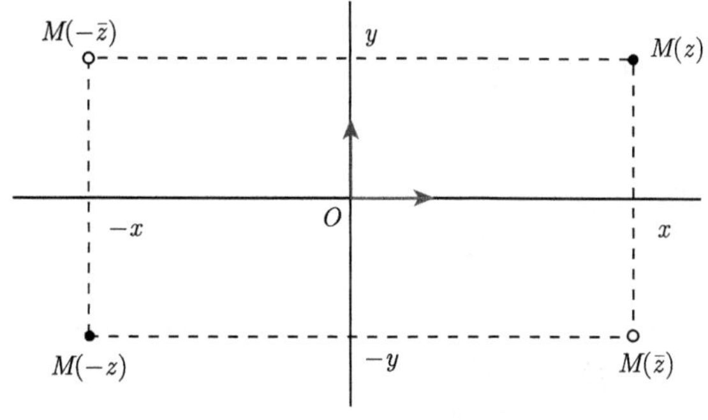

图 3.3 向量的几何解释

命题 3.2.7 对任意的复数 $z = x + iy$, $(x, y) \in \mathbb{R}^2$, 我们有 $z\bar{z} = x^2 + y^2$.

习题 3.2.3 证明上述两个命题.

命题 3.2.8 任意非零复数 z 关于乘法 $(\times)$ 的逆为 : $z^{-1} = \dfrac{\bar{z}}{z\bar{z}}$.

证明:

设 z 是非零复数, 其代数形式为 $x+iy$. 那么, $(x,y)\neq(0,0)$.
所以 $z\bar{z}=x^2+y^2\in\mathbb{R}^*$, 从而 $\dfrac{\bar{z}}{z\bar{z}}=\dfrac{1}{z\bar{z}}\times\bar{z}$ 是一个复数. 由乘法的结合性和交换性, 我们有 $\left(\dfrac{\bar{z}}{z\bar{z}}\right)\times z=z\times\left(\dfrac{\bar{z}}{z\bar{z}}\right)=(z\times\bar{z})\times\dfrac{1}{z\bar{z}}=1$. 所以, $z^{-1}=\dfrac{\bar{z}}{z\bar{z}}$. ⊠

注: 我们也将 z 关于 $\times$ 的逆记为 $\dfrac{1}{z}$, 因此 $\dfrac{z}{w}:=z\times\dfrac{1}{w}=z\times w^{-1}$.

命题 3.2.9 设 z 和 z' 是两个复数. 则

(i) $\overline{z+z'}=\bar{z}+\bar{z'}$;

(ii) $\overline{zz'}=\bar{z}\times\bar{z'}$;

(iii) 如果 $z\neq 0$, 那么 $\overline{\left(\dfrac{1}{z}\right)}=\dfrac{1}{\bar{z}}$;

(iv) 如果 $z'\neq 0$, 那么 $\overline{\left(\dfrac{z}{z'}\right)}=\dfrac{\bar{z}}{\bar{z'}}$;

(v) $z+\bar{z}=2\Re e(z)$, $z-\bar{z}=2i\Im m(z)$.

注: 我们说共轭运算是 $\mathbb{R}$-线性的, 即

$$\forall z,z'\in\mathbb{C},\forall\lambda,\mu\in\mathbb{R},\quad \overline{\lambda z+\mu z'}=\lambda\bar{z}+\mu\bar{z'}.$$

习题 3.2.4 证明上述命题.

习题 3.2.5 确定集合 $\{M(z)|z\in\mathbb{C},z^2+\bar{z}\in\mathbb{R}\}$.

习题 3.2.6 设 P 是定义在 $\mathbb{C}$ 上的实系数多项式函数: $\forall z\in\mathbb{C}$, $P(z)=z^3-3z^2+4z-2$.

(1) 证明: $\forall z\in\mathbb{C}$, $\overline{P(z)}=P(\bar{z})$.

(2) 证明 $1+i$ 是 P 的根, 并求出 P 的其他非实数的复根.

(3) 证明 P 有一实根, 并证明 $P(z)=(z^2-2z+2)(z-1)$(不展开 $(z^2-2z+2)(z-1)$).

3.3 复数的模与辐角

3.3.1 模与辐角的定义

定义 3.3.1 设 $z = x + iy$, $x, y \in \mathbb{R}$. z 的模(或模长), 记为 $|z|$, 定义为

$$|z| := \sqrt{x^2 + y^2}.$$

几何解释: 复数 z 的模长 $|z|$ 是原点 O 与点 $M(z)$ 的距离, 即向量 $\overrightarrow{OM(z)}$ 的长度(图3.4).

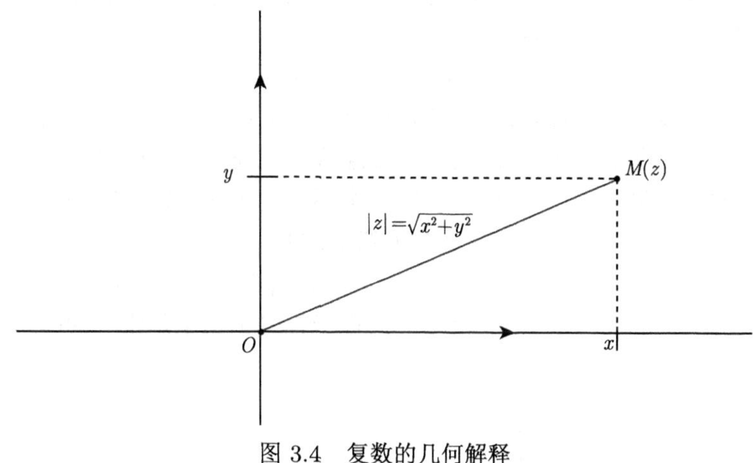

图 3.4 复数的几何解释

注: (1) 我们将 Euclid 平面上两点 A 和 B 间的距离记作 AB. 设 A 和 B 的坐标分别为 (x_A, y_A) 和 (x_B, y_B), 那么 $AB = \sqrt{(x_A - x_B)^2 + (y_A - y_B)^2}$.

(2) 直接计算得 $|z|^2 = z\bar{z}$.

推论 3.3.2 设 $z_1, z_2 \in \mathbb{C}$, $A = M(z_1)$, $B = M(z_2)$, 则 $AB = |z_2 - z_1|$.

证明:

令 $z \in \mathbb{C}$ 满足 $\overrightarrow{OM(z)} = \overrightarrow{AB}$. 因为 A 和 B 的复标分别是 z_1 和 z_2, 所以 $\overrightarrow{AB}$ 的复标是 $z_2 - z_1$. 故有 $z = z_2 - z_1$. 因此, $AB = OM(z) = |z| = |z_2 - z_1|$. ☒

推论 3.3.3 设 $a \in \mathbb{C}$, $A = M(a)$, $r > 0$. 那么,

(i) 点集 $\{M(z) | z \in \mathbb{C}, |z-a| = r\}$ 是复平面中以 A 为中心, r 为半径的圆.

(ii) 点集 $\{M(z) | z \in \mathbb{C}, |z-a| \leqslant r\}$ 是复平面中以 A 为中心, r 为半径的闭圆盘.

(iii) 点集 $\{M(z) | z \in \mathbb{C}, |z-a| < r\}$ 是复平面中以 A 为中心, r 为半径的开圆盘.

证明:

由 $|z-a| = AM(z)$, 直接可得. ☒

定义 3.3.4 设 z 是一个**非零**复数. 我们称方向角 $\left(\overrightarrow{OM(1)}, \overrightarrow{OM(z)}\right)$ 的任意一个度量(或者弧度)为 z 的一个辐角, 记为 $\arg(z)$.

注: (1) 任意一个非零复数都有无穷多个辐角, 其中任意两个相差 2π 的整数倍.

(2) 如果 θ 是非零复数 z 的一个辐角, 那么我们记 $\arg(z) \equiv \theta \quad [2\pi]$, 即$z$的任意一个辐角与 θ 相差 2π 的整数倍, 例如: 若 φ 是 z 的一个辐角, 则存在 $k \in \mathbb{Z}$ 使得 $\varphi = \theta + 2k\pi$. 注意到辐角不是唯一的, 因此写 $\arg(z) = \theta$ 是无意义的!

(3) 若 θ 是非零复数 z 的一个辐角, 则二元组 $(|z|, \theta)$ 是 $M(z)$ 在复平面中的一个极坐标. 由于辐角不是唯一的, 因此一个非零复数的极坐标表示也不是唯一的(图3.5).

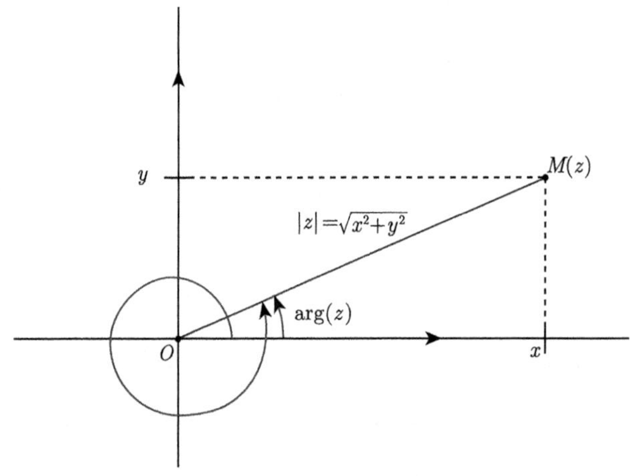

图 3.5 非零复数的极坐标表示

例 3.3.1 设 $z = 1 + i$, 求 $|z|$ 和 $\arg(z)$.

解: $|z| = \sqrt{1^2 + 1^2} = \sqrt{2}$.

注意到 $\dfrac{\pi}{4}$ 是方向角 $\left(\vec{u}, \overrightarrow{OM(z)}\right)$ 的一个弧度, 因此 $\arg(z) \equiv \dfrac{\pi}{4} \quad [2\pi]$.

引理 3.3.5 设 $z=x+iy$ 是**非零**复数 $(x,y\in\mathbb{R})$, $\theta\in\mathbb{R}$, 则

$$\theta \text{ 是 } z \text{ 的一个辐角当且仅当 } \begin{cases} \cos(\theta)=\dfrac{x}{\sqrt{x^2+y^2}}, \\ \sin(\theta)=\dfrac{y}{\sqrt{x^2+y^2}}. \end{cases}$$

定理 3.3.6 (定义) 设 $z\in\mathbb{C}^\star$.

(i) 令 $r=|z|$ (从而有 $r>0$), θ 是 z 的一个辐角, 则 $z=r\,(\cos(\theta)+i\sin(\theta))$. 我们将 z 的这种表示形式称为 z 的*三角形式*.

(ii) 反过来, 如果存在 $r>0$ 和 $\theta\in\mathbb{R}$ 使得 $z=r\,(\cos(\theta)+i\sin(\theta))$, 则有 $r=|z|$ 和 $\arg(z)\equiv\theta\quad[2\pi]$.

证明:

记 z 的代数形式为 $x+iy$, 其中 $x,y\in\mathbb{R}$ 且 $(x,y)\neq(0,0)$.

(i) 因为 θ 是 z 的一个辐角, 由引理 3.3.5, 我们有

$$z=x+iy=\sqrt{x^2+y^2}\cos(\theta)+i\sqrt{x^2+y^2}\sin(\theta)=|z|(\cos(\theta)+i\sin(\theta)).$$

(ii) 如果 $r>0$ 和 $\theta\in\mathbb{R}$ 使得 $z=r\,(\cos(\theta)+i\sin(\theta))$, 那么

$$|z|=\sqrt{r^2\cos^2(\theta)+r^2\sin^2(\theta)}=\sqrt{r^2}=|r|=r.$$

所以 $r=\sqrt{x^2+y^2}$. 因此有

$$x+iy=z=\sqrt{x^2+y^2}\cos(\theta)+i\sqrt{x^2+y^2}\sin(\theta).$$

于是得到: $\cos(\theta)=\dfrac{x}{\sqrt{x^2+y^2}}$ 和 $\sin(\theta)=\dfrac{y}{\sqrt{x^2+y^2}}$.

由引理3.3.5知: θ 是 z 的一个辐角. 故 $\arg(z)\equiv\theta\quad[2\pi]$. ⊠

注: 为了确定一个**非零**复数 z 的三角形式, 我们通常先计算其模长, 再由方程组

$$\begin{cases} \cos(\theta)=\dfrac{\Re e(z)}{|z|}, \\ \sin(\theta)=\dfrac{\Im m(z)}{|z|} \end{cases}$$

解出 z 的一个辐角 θ.

例 3.3.2 求复数 $z = 2 - 2i$ 的模长与辐角.

解: $\boxed{|z| = \sqrt{2^2 + (-2)^2} = 2\sqrt{2}.}$

设 θ 是 z 的一个辐角, 则有 $\begin{cases} \cos(\theta) = \dfrac{\Re e(z)}{|z|} = \dfrac{\sqrt{2}}{2}, \\ \sin(\theta) = \dfrac{\Im m(z)}{|z|} = -\dfrac{\sqrt{2}}{2}. \end{cases}$ 因此, $\theta = -\dfrac{\pi}{4}$ 是 z 的一个辐角. 所以 $\boxed{\arg(z) \equiv -\dfrac{\pi}{4} \quad [2\pi].}$

命题 3.3.7 设 z 是一个**非零**复数, 则

$$z \in \mathbb{R}^* \iff \arg(z) \equiv 0 \quad [\pi] \qquad \text{和} \qquad z \in i\mathbb{R}^* \iff \arg(z) \equiv \frac{\pi}{2} \quad [\pi].$$

定理 3.3.8 两个**非零**复数相等当且仅当它们有相同的模长和辐角 (相差 2π 的整数倍), 即如果 $z, z' \in \mathbb{C} \setminus \{0\}$, θ 和 θ' 分别是 z 和 z' 的一个辐角, 那么

$$z = z' \iff \begin{cases} |z| = |z'|, \\ \theta \equiv \theta' \quad [2\pi]. \end{cases}$$

证明:

$\Longrightarrow$: 这是明显的.

$\Longleftarrow$: 假设 $|z| = |z'|$ 和 $\theta \equiv \theta' \quad [2\pi]$.

那么存在 $k \in \mathbb{Z}$ 使得 $\theta = \theta' + 2k\pi$. 于是有

$$\begin{aligned} z &= |z|\,(\cos(\theta) + i\sin(\theta)) \\ &= |z'|\,(\cos(\theta' + 2k\pi) + i\sin(\theta' + 2k\pi)) \\ &= |z'|\,(\cos(\theta') + i\sin(\theta')) \\ &= z'. \end{aligned}$$

⊠

例 3.3.3 设 $z = x + iy$, $(x, y) \in \mathbb{R}^2 \setminus \{(0,0)\}$. 请利用 arctan 给出 $\arg(z)$ 的一个表示.

解: 设 θ 是 z 在 $(-\pi, \pi]$ 内的辐角. 我们有 $\cos(\theta) = \dfrac{x}{|z|}$ 和 $\sin(\theta) = \dfrac{y}{|z|}$. 所以当 $x \neq 0$ 时有 $\tan(\theta) = \dfrac{y}{x}$. 注意到函数 arctan 的值域为 $\left(-\dfrac{\pi}{2}, \dfrac{\pi}{2}\right)$. 我们分情况讨论:

<u>当 $x > 0$ 时,</u> $\theta \in \left(-\dfrac{\pi}{2}, \dfrac{\pi}{2}\right)$, 所以有 $\theta = \arctan\left(\dfrac{y}{x}\right)$.

<u>当 $x < 0$ 时,</u> $\theta \in \left(-\pi, -\dfrac{\pi}{2}\right) \cup \left(\dfrac{\pi}{2}, \pi\right]$. 我们知道 z 与 $z' = -x - iy$ 关于原点对称; 此时 $-x > 0$, 所以 $\arctan\left(\dfrac{-y}{-x}\right)$, 即 $\arctan\left(\dfrac{y}{x}\right)$ 是 z' 在 $\left(-\dfrac{\pi}{2}, \dfrac{\pi}{2}\right)$ 内的辐角. 所以 $\theta =$

$\pi + \arctan\left(\frac{y}{x}\right)$.

当 $x = 0$ 时, z 是非零的纯虚数. 因此, 当 $y > 0$ 时, $\theta = \frac{\pi}{2}$; 当 $y < 0$ 时, $\theta = -\frac{\pi}{2}$.

因此有

$$\arg(z) \equiv \begin{cases} \arctan\left(\frac{y}{x}\right), & x > 0, \\ \pi + \arctan\left(\frac{y}{x}\right), & x < 0, \\ \frac{\pi}{2}, & x = 0 \text{ 且 } y > 0, \\ -\frac{\pi}{2}, & x = 0 \text{ 且 } y < 0 \end{cases} \quad [2\pi].$$

习题 3.3.4 在 $\mathbb{C}$ 中解方程 $z^2 = i$.

习题 3.3.5 设 $r \in \mathbb{R}^*$, 给出 $z' = r(-\cos(\theta) - i\sin(\theta))$ 和 $z'' = \frac{1}{r(\cos(\theta) + i\sin(\theta))}$ 的三角形式.

3.3.2 模与辐角的性质

引理 3.3.9 (两角和的正弦公式和余弦公式) 对任意的 $\alpha, \beta \in \mathbb{R}$, 有

$$\sin(\alpha + \beta) = \sin\alpha\cos\beta + \cos\alpha\sin\beta, \quad \cos(\alpha + \beta) = \cos\alpha\cos\beta - \sin\alpha\sin\beta.$$

引理 3.3.10 设 $z = r(\cos(\theta) + i\sin(\theta))$, $z' = r'(\cos(\theta') + i\sin(\theta'))$, 其中 r, r', θ, θ' 是四个实数, 则

$$zz' = rr'(\cos(\theta + \theta') + i\sin(\theta + \theta'));$$
$$\frac{z}{z'} = \frac{r}{r'}(\cos(\theta - \theta') + i\sin(\theta - \theta')) \quad (z' \neq 0).$$

证明:

首先, 由两角和的正弦与余弦公式, 我们有

$$\begin{aligned} zz' &= rr'\Big((\cos(\theta)\cos(\theta') - \sin(\theta)\sin(\theta')) + i(\cos(\theta)\sin(\theta') + \sin(\theta)\cos(\theta'))\Big) \\ &= rr'(\cos(\theta + \theta') + i\sin(\theta + \theta')), \end{aligned}$$

其次, 如果 $z' \neq 0$, 我们有

$$\frac{1}{z'} = z'^{-1} = \frac{\bar{z'}}{|z'|^2} = \frac{r'\cos(\theta') - ir'\sin(\theta')}{r'^2} = \frac{1}{r'}(\cos(-\theta') + i\sin(-\theta')).$$

因此, 把第一条性质应用到 z 和 $\frac{1}{z'}$ 即得第二条性质. ⊠

推论 3.3.11 设 $n \in \mathbb{N}$ 和 $z, z' \in \mathbb{C}^*$. 设 θ 和 θ' 分别是 z 和 z' 的一个辐角. 我们有

(i) $|z \times z'| = |z| \times |z'|$ 和 $\arg(zz') \equiv \theta + \theta' \quad [2\pi]$;

(ii) $|z^n| = |z|^n$ 和 $\arg(z^n) \equiv n\theta \quad [2\pi]$;

(iii) $\left|\dfrac{1}{z}\right| = \dfrac{1}{|z|}$ 和 $\arg\left(\dfrac{1}{z}\right) \equiv -\theta \quad [2\pi]$;

(iv) $\left|\dfrac{z}{z'}\right| = \dfrac{|z|}{|z'|}$ 和 $\arg\left(\dfrac{z}{z'}\right) \equiv \theta - \theta' \quad [2\pi]$;

(v) $|\bar{z}| = |z|$ 和 $\arg(\bar{z}) \equiv -\theta \quad [2\pi]$;

(vi) $|-z| = |z|$ 和 $\arg(-z) \equiv \theta + \pi \quad [2\pi]$.

证明:

设 $z, z' \in \mathbb{C}^*$, θ, θ' 分别是 z, z' 的一个辐角. 那么 z, z' 分别有三角形式:

$$z = |z|(\cos(\theta) + i\sin(\theta)) \quad \text{和} \quad z' = |z'|(\cos(\theta') + i\sin(\theta')).$$

(i) 由引理 3.3.10 我们有: $zz' = |z||z'|\left(\cos(\theta + \theta') + i\sin(\theta + \theta')\right)$.
由 $|z||z'| > 0$, 得: $|zz'| = |z||z'|$ 和 $\arg(zz') \equiv \theta + \theta' \quad [2\pi]$.

(ii) 我们用数学归纳法证明

$$\forall n \in \mathbb{N},\ \forall z \in \mathbb{C}^*,\ |z^n| = |z|^n \text{ 和 } \arg(z^n) \equiv n\theta \quad [2\pi].$$

对于 $n \in \mathbb{N}$, 记 $P(n)$: "$\forall z \in \mathbb{C}^*$, $|z^n| = |z|^n$ 和 $\arg(z^n) \equiv n\theta \quad [2\pi]$ ".
<u>初始化 :</u> 令 $n = 0$. 因为 $z \neq 0$, 从而 $|z| \neq 0$. 我们有 $z^0 = 1$. 从而, $|z^0| = 1 = |z|^0$, $\arg(z^0) \equiv 0 \quad [2\pi] \equiv 0 \times \theta \quad [2\pi]$, 即 $P(0)$ 为真.
<u>归纳假设和递推:</u> 设 $n \in \mathbb{N}$, 假设性质 $P(n)$ 为真. 设 $z \in \mathbb{C}^*$, 我们有

$$\begin{aligned} |z^{n+1}| &= |z \times z^n| \\ &= |z| \times |z^n| \quad (\text{性质(i)}) \\ &= |z| \times |z|^n \quad (\text{归纳假设}) \\ &= |z|^{n+1}. \end{aligned}$$

由归纳假设知 $n\theta$ 是 z^n 的一个辐角. 再由性质 (i) 得

$$\arg(z^{n+1}) \equiv \theta + n\theta \quad [2\pi] \quad \equiv (n+1)\theta \quad [2\pi].$$

这就证明性质 $P(n+1)$ 为真.

(iii) 设 φ 是 $\frac{1}{z}$ 的一个辐角. 因为 $z \times \frac{1}{z} = 1$, 以及 0 是复数 1 的一个辐角, 所以, 应用性质(i)可得: $|z| \times \left|\frac{1}{z}\right| = |1| = 1$ 和 $\theta + \varphi \equiv 0 \quad [2\pi]$. 从而有

$$\left|\frac{1}{z}\right| = \frac{1}{|z|} \text{ 和 } \arg\left(\frac{1}{z}\right) \equiv -\theta \quad [2\pi].$$

(iv) 结合性质(i)和(iii)可直接得到.

(v) 由 z 的三角形式得: $\bar{z} = |z|(\cos(\theta) - i\sin(\theta)) = |z|(\cos(-\theta) + i\sin(-\theta))$.

因此, $|\bar{z}| = |z|$ 和 $\arg(\bar{z}) \equiv -\theta \quad [2\pi]$.

(vi) 我们有: $-z = -|z|(\cos(\theta) + i\sin(\theta)) = |z|(\cos(\theta+\pi) + i\sin(\theta+\pi))$.
因此, $|-z| = |z|$ 和 $\arg(-z) \equiv \theta + \pi \quad [2\pi]$. ⊠

习题 3.3.6 设 $z_1 = \sqrt{3} - i$, $z_2 = 1 - i$, $Z = \frac{z_1}{z_2}$.

(1) 确定上述三个复数的三角形式.

(2) 给出 Z 的代数形式, 并由此确定 $\cos\left(\frac{\pi}{12}\right)$ 和 $\sin\left(\frac{\pi}{12}\right)$ 的精确值.

(3) 利用倍角公式, 计算 (2) 中的三角函数值, 并检验其一致性.

命题 3.3.12 (三角不等式) 设 z, z' 是两个复数, 则

$$|z' + z| \leqslant |z| + |z'|;$$

此外, "等号成立" 当且仅当 "$z = 0$ 或存在 $\lambda \in \mathbb{R}_+ = [0, +\infty)$ 使得 $z' = \lambda z$".

证明:

对任意的复数 $Z = X + iY$(X, Y 是实数), 我们有

$$X \leqslant \sqrt{X^2} \leqslant \sqrt{X^2+Y^2}, \quad \text{即} \quad \Re e(Z) \leqslant |Z|;$$

$$\Re e(Z) = |Z| \iff X = \sqrt{X^2+Y^2} \iff X \geqslant 0 \text{ 且 } Y = 0 \iff Z \in \mathbb{R}_+.$$

因此

$$\begin{aligned}|z+z'|^2 &= (z+z')\overline{(z+z')} \\ &= |z|^2 + |z'|^2 + 2\Re e(\bar{z}z') \leqslant |z|^2 + |z'|^2 + 2|\bar{z}||z'| = (|z| + |z'|)^2.\end{aligned}$$

注意到模长都是非负实数, 因此有

$$|z+z'| \leqslant |z| + |z'|.$$

此外, 上述不等式中等号成立当且仅当 $\Re e(\bar{z}z') = |\bar{z}z'|$, 而

$$\begin{aligned}
\Re e(\bar{z}z') = |\bar{z}z'| &\iff \bar{z}z' \in \mathbb{R}_+ \\
&\iff \text{存在 } \mu \in \mathbb{R}_+, \text{使得 } \bar{z}z' = \mu \\
&\iff z = 0 \text{ 或 存在 } \mu \in \mathbb{R}_+, \text{使得 } z' = \frac{\mu}{\bar{z}} = \frac{\mu}{\bar{z}z} \cdot z = \frac{\mu}{|z|^2} z \\
&\iff z = 0 \text{ 或 存在 } \lambda \in \mathbb{R}_+, \text{使得 } z' = \lambda z.
\end{aligned}$$

因此, $|z'+z| = |z| + |z'|$ 当且仅当 " $z = 0$ 或存在 $\lambda \in \mathbb{R}_+$ 使得 $z' = \lambda z$". ⊠

注: 我们用图示说明不等式成立及名字的由来(图3.6).

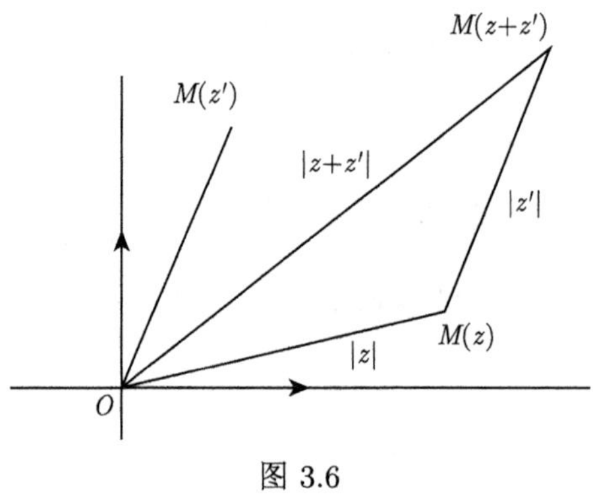

图 3.6

推论 3.3.13 (广义三角不等式) 设 z, z' 是两个复数, 则

$$\big||z| - |z'|\big| \leqslant |z - z'|.$$

证明:

这是三角不等式的直接推论: $|z| = |z - z' + z'| \leqslant |z - z'| + |z'|$.
因此, $|z| - |z'| \leqslant |z - z'|$. 互换 z 和 z', 得 $-(|z| - |z'|) \leqslant |z - z'|$. 所以

$$-|z - z'| \leqslant |z| - |z'| \leqslant |z - z'|.$$

所以

$$\big||z| - |z'|\big| \leqslant |z - z'|.$$

⊠

3.4 指数形式与复指数及其应用

3.4.1 指数形式

定义 3.4.1 对任意 $\theta \in \mathbb{R}$, 定义 $e^{i\theta} = \cos(\theta) + i\sin(\theta)$.

命题 3.4.2 (定义) 任意非零复数 z 可写为 : $z = re^{i\theta}$, 其中 $r = |z|$, θ 是 z 的一个辐角. 我们称 $re^{i\theta}$ 是 z 的指数形式, 它在 θ 相差 2π 的整数倍的意义下是唯一的.

证明:

由复数的三角形式和 $e^{i\theta}$ 的定义即得. ⊠

例 3.4.1 设 $z = 1 - 2i$. 给出 z 的指数形式.

解: 首先, $|z| = \sqrt{1^2 + (-2)^2} = \sqrt{5}$.

其次, 因为 $\Re e(z) = 1 > 0$, 所以我们寻找 z 在 $\left(-\frac{\pi}{2}, \frac{\pi}{2}\right)$ 内的一个辐角.

设 $\theta \in \left(-\frac{\pi}{2}, \frac{\pi}{2}\right)$. 那么

$$\theta \text{ 是 } z \text{ 的一个辐角} \iff \begin{cases} \cos(\theta) = \dfrac{\Re e(z)}{|z|} = \dfrac{1}{\sqrt{5}} \\ \sin(\theta) = \dfrac{\Im m(z)}{|z|} = \dfrac{-2}{\sqrt{5}} \end{cases}$$
$$\iff \begin{cases} \tan(\theta) = -2 \\ \theta \in \left(-\dfrac{\pi}{2}, \dfrac{\pi}{2}\right) \end{cases}$$
$$\iff \theta = \arctan(-2) = -\arctan(2).$$

因此, z 的指数形式为 $\boxed{z = \sqrt{5}e^{i(-\arctan(2))}.}$

习题 3.4.2 写出 $z = -\sqrt{6} - i\sqrt{2}$ 的指数形式.

3.4.2　幺模群

定理 3.4.3 (定义)　设 $\mathbb{U}$ 是全体模长为 1 的复数的集合：$\mathbb{U}=\{z\in\mathbb{C}, |z|=1\}$, 则

(i) $\forall z, z'\in\mathbb{U}$, $z\times z'\in\mathbb{U}$;

(ii) 对任意 $z\in\mathbb{U}$, 存在 $z'\in\mathbb{U}$, $z\times z'=1$.

我们称 $(\mathbb{U},\times)$ 为*幺模群*.

几何解释: $\mathbb{U}$ 中元素在复平面的图像是以原点为中心 1 为半径的圆周.

由 $e^{i\theta}$ 的定义以及推论 3.3.11 我们可以得到下面的命题和定理.

命题 3.4.4　$\forall\theta\in\mathbb{R}$, $|e^{i\theta}|=1$, $\arg(e^{i\theta})\equiv\theta\quad[2\pi]$.

定理 3.4.5　对于任意实数 θ 和 θ', 任意 $n\in\mathbb{Z}$, 我们有

$$e^{i\theta}\times e^{i\theta'}=e^{i(\theta+\theta')};\quad \frac{e^{i\theta}}{e^{i\theta'}}=e^{i(\theta-\theta')};\quad \left(e^{i\theta}\right)^n=e^{in\theta};\quad \overline{e^{i\theta}}=e^{-i\theta}.$$

定理 3.4.6 (Euler 公式)

$$\forall\theta\in\mathbb{R},\ \cos(\theta)=\frac{e^{i\theta}+e^{-i\theta}}{2}, \sin(\theta)=\frac{e^{i\theta}-e^{-i\theta}}{2i}.$$

证明:

由 $e^{i\theta}=\cos(\theta)+i\sin(\theta)$ 和 $e^{-i\theta}=\cos(\theta)-i\sin(\theta)$, 两式分别相加和相减即可得到 Euler 公式. ⊠

定理 3.4.7 (Moivre 公式)

$$\forall\theta\in\mathbb{R},\ n\in\mathbb{Z},\ (\cos(\theta)+i\sin(\theta))^n=\cos(n\theta)+i\sin(n\theta).$$

注: (1) Moivre 公式可由数学归纳法证明, 留作练习.

(2) Moivre 公式与 Euler 公式有着紧密联系, 由指数形式可直接得到

$$(\cos(\theta)+i\sin(\theta))^n=\left(e^{i\theta}\right)^n=e^{in\theta}=\cos(n\theta)+i\sin(n\theta).$$

(3) 此公式可以用来计算多倍角公式. 例如, 设 $\theta \in \mathbb{R}$, $n = 3$. 由 Moivre 公式得

$$\begin{aligned}\cos(3\theta) + i\sin(3\theta) &= (\cos(\theta) + i\sin(\theta))^3 \\ &= \cos^3(\theta) - 3\cos(\theta)\sin^2(\theta) + i(3\cos^2(\theta)\sin(\theta) - \sin^3(\theta)).\end{aligned}$$

比较实部与虚部, 并利用 $\cos^2 + \sin^2 = 1$, 得

$$\cos(3\theta) = 4\cos^3(\theta) - 3\cos(\theta) \quad 和 \quad \sin(3\theta) = \sin(\theta)\Big(3 - 4\sin^2(\theta)\Big).$$

3.4.3 复指数

定义 3.4.8 对任意复数 $z = x + iy$, $(x, y) \in \mathbb{R}^2$, 定义 z 的复指数为

$$\exp(z) := e^x e^{iy} = e^x\left(\cos(y) + i\sin(y)\right).$$

注: 关于复指数函数我们做如下说明：

(1) 对于每个 $z \in \mathbb{C}$, 唯一确定了一个复数 $\exp(z)$. 这样就确定了一个从 $\mathbb{C}$ 到 $\mathbb{C}$ 的映射, 我们称之为*复指数函数*：

$$\exp: \begin{array}{l}\mathbb{C} \longrightarrow \mathbb{C}, \\ z \mapsto \exp(z).\end{array}$$

(2) 本书仅给出复指数函数 exp 的定义, 暂不进一步研究其函数性质. 有关复变函数的一般理论我们将在《大学数学进阶》中介绍. 本书只给出复指数 $\exp(z)$ 的一些计算性质.

命题 3.4.9 设 z, z' 是两个复数. 我们有

(i) $\exp(z + z') = \exp(z) \times \exp(z')$;

(ii) $\overline{\exp(z)} = \exp(\overline{z})$;

(iii) $|\exp(z)| = e^{\Re e(z)}$ 和 $\arg(\exp(z)) \equiv \Im m(z) \quad [2\pi]$;

(iv) $\exp(z) \neq 0$.

证明:

令 $z=x+iy$, $z'=x'+iy'$, 其中 x,x',y,y' 是四个实数.

(i)
$$\begin{aligned}\exp(z+z') &= \exp((x+x')+i(y+y')) && (z+z' \text{ 的定义})\\ &= e^{x+x'}e^{i(y+y')} && (\text{复指数的定义})\\ &= e^{x}\times e^{x'}\times e^{iy}\times e^{iy'} && (\text{定理3.4.5})\\ &= e^{x}e^{iy}\times e^{x'}e^{iy'} && (\mathbb{C}\text{ 中乘法满足交换律})\\ &= \exp(z)\times\exp(z').\end{aligned}$$

(ii) $\overline{\exp(z)}=\overline{e^x e^{iy}}=\overline{e^x}\times\overline{e^{iy}}=e^x e^{-iy}=\exp(x-iy)=\exp(\bar{z})$.

(iii) 由 $\exp(z)=e^x e^{iy}$ 和 $e^x>0$, 以及指数形式的定义得

$$|\exp(z)|=e^x=e^{\Re e(z)} \quad \text{和} \quad \arg(\exp(z))\equiv y \quad [2\pi] \quad \equiv \Im m(z) \quad [2\pi].$$

(iv) $|\exp(z)|=e^{\Re e(z)}>0$. 所以, $\exp(z)\neq 0$. ⊠

习题 3.4.3 解方程 $\exp(z)=-1+i$.

3.4.4 三角函数的和差化积以及积化和差

3.4.4.a 三角函数的和差化积

命题 3.4.10 对任意 $\theta,\theta'\in\mathbb{R}$, 我们有

$$e^{i\theta}+e^{i\theta'}=2e^{i\frac{\theta+\theta'}{2}}\cos\left(\frac{\theta-\theta'}{2}\right) \quad \text{和} \quad e^{i\theta}-e^{i\theta'}=2ie^{i\frac{\theta+\theta'}{2}}\sin\left(\frac{\theta-\theta'}{2}\right).$$

证明:

设 $\theta,\theta'\in\mathbb{R}$, 利用 Euler 公式得

$$e^{i\theta}+e^{i\theta'}=e^{i\frac{\theta+\theta'}{2}}\left(e^{i\frac{\theta-\theta'}{2}}+e^{-i\frac{\theta-\theta'}{2}}\right)=e^{i\frac{\theta+\theta'}{2}}\times 2\cos\left(\frac{\theta-\theta'}{2}\right),$$

$$e^{i\theta}-e^{i\theta'}=e^{i\frac{\theta+\theta'}{2}}\left(e^{i\frac{\theta-\theta'}{2}}-e^{-i\frac{\theta-\theta'}{2}}\right)=e^{i\frac{\theta+\theta'}{2}}\times 2i\sin\left(\frac{\theta-\theta'}{2}\right).$$ ⊠

在前面命题的结论中分别取实部和虚部, 我们有如下命题.

命题 3.4.11 对任意的 $\theta, \theta' \in \mathbb{R}$, 我们有下面的和差化积公式：

(i) $\cos(\theta) + \cos(\theta') = 2\cos\left(\dfrac{\theta+\theta'}{2}\right)\cos\left(\dfrac{\theta-\theta'}{2}\right)$;

(ii) $\cos(\theta) - \cos(\theta') = -2\sin\left(\dfrac{\theta+\theta'}{2}\right)\sin\left(\dfrac{\theta-\theta'}{2}\right)$;

(iii) $\sin(\theta) + \sin(\theta') = 2\sin\left(\dfrac{\theta+\theta'}{2}\right)\cos\left(\dfrac{\theta-\theta'}{2}\right)$;

(iv) $\sin(\theta) - \sin(\theta') = 2\cos\left(\dfrac{\theta+\theta'}{2}\right)\sin\left(\dfrac{\theta-\theta'}{2}\right)$.

证明:

我们仅证 (i). 其他留作练习.
设 $\theta, \theta' \in \mathbb{R}$, 我们有

$$\begin{aligned}\cos(\theta) + \cos(\theta') &= \Re e(e^{i\theta}) + \Re e(e^{i\theta'}) \\ &= \Re e\left(e^{i\theta} + e^{i\theta'}\right) \\ &= \Re e\left(2\cos\left(\frac{\theta-\theta'}{2}\right)e^{i\frac{\theta+\theta'}{2}}\right) \\ &= 2\cos\left(\frac{\theta+\theta'}{2}\right)\cos\left(\frac{\theta-\theta'}{2}\right).\end{aligned}$$

⊠

例 3.4.4 解方程 $\cos(3x) + \cos(7x) = 0$.

解: 由和差化积公式, 对任意 $x \in \mathbb{R}$,

$$\begin{aligned}\cos(3x) + \cos(7x) = 0 &\iff 2\cos(5x)\cos(2x) = 0 \\ &\iff \cos(5x) = 0 \quad \text{或} \quad \cos(2x) = 0 \\ &\iff 5x \equiv \frac{\pi}{2} \quad [\pi] \quad \text{或} \quad 2x \equiv \frac{\pi}{2} \quad [\pi] \\ &\iff x \equiv \frac{\pi}{10} \quad \left[\frac{\pi}{5}\right] \quad \text{或} \quad x \equiv \frac{\pi}{4} \quad \left[\frac{\pi}{2}\right],\end{aligned}$$

所以 方程的解集为 $\left\{\dfrac{\pi}{10} + \dfrac{k\pi}{5}, k \in \mathbb{Z}\right\} \cup \left\{\dfrac{\pi}{4} + \dfrac{k\pi}{2}, k \in \mathbb{Z}\right\}$.

3.4.4.b 复指数的应用

回忆:

— 如果 $(u_n)_{n\in\mathbb{N}}$ 是公差为 r 的算术数列(即等差数列: $\forall n\in\mathbb{N},\ u_{n+1}=u_n+r$), 则对任意 $n,p\in\mathbb{N}$ 且 $n\geqslant p$ 有

$$\sum_{k=p}^{n}u_k=\frac{u_p+u_n}{2}\times(n+1-p);$$

特别地,

$$\forall n\in\mathbb{N},\quad \sum_{k=0}^{n}u_k=(n+1)\frac{u_0+u_n}{2}.$$

— 如果 $(v_n)_{n\in\mathbb{N}}$ 是公比为 q 的几何数列 (即等比数列: $\forall n\in\mathbb{N},\ v_{n+1}=qv_n$), 则对任意 $n,p\in\mathbb{N}$ 且 $n\geqslant p$ 有

$$\sum_{k=p}^{n}v_k=\begin{cases}(n+1-p)v_0, & q=1,\\ \dfrac{v_{n+1}-v_p}{q-1}, & q\neq 1.\end{cases}$$

特别地,

$$\forall n\in\mathbb{N},\ \sum_{k=0}^{n}v_k=\begin{cases}(n+1)v_0, & q=1,\\ v_0\dfrac{q^{n+1}-1}{q-1}, & q\neq 1.\end{cases}$$

— 如果 q 是一复数, 则对任意 $n,p\in\mathbb{N}$ 且 $n\geqslant p$ 有

$$\sum_{k=p}^{n}q^k=\begin{cases}n+1-p, & q=1,\\ \dfrac{q^{n+1}-q^p}{q-1}, & q\neq 1.\end{cases}$$

特别地,

$$\forall n\in\mathbb{N},\ \sum_{k=0}^{n}q^k=\begin{cases}n+1, & q=1,\\ \dfrac{q^{n+1}-1}{q-1}, & q\neq 1.\end{cases}$$

利用上述求和公式, 可以证明 Bernoulli 公式:

$$\forall x\in\mathbb{C},\ \forall y\in\mathbb{C},\ \forall n\in\mathbb{N}^*,\quad x^n-y^n=(x-y)\sum_{k=0}^{n-1}x^ky^{n-1-k}.$$

注: 对于三角函数和的计算常常会用到复数的技巧, 例如计算 $S_n = \sum_{k=0}^{n} \cos(kx+y)$ 和 $T_n = \sum_{k=0}^{n} \sin(kx+y)$, 可以尝试计算 $S_n + iT_n$. 因为对应项的和构成公比为 $q = e^{ix}$ 的几何数列.

例 3.4.5 计算 $S_n = \sum_{k=0}^{n} \cos(kx)$, 其中 $n \in \mathbb{N}$.

解: 设 $n \in \mathbb{N}$. 令 $S_n = \sum_{k=0}^{n} \cos(kx)$, $T_n = \sum_{k=0}^{n} \sin(kx)$.

— <u>情形 1: $x \not\equiv 0 \quad [2\pi]$.</u>

在这种情形下, $q = e^{ix} \neq 1$, 利用几何数列求和公式以及命题 3.4.10 得

$$S_n + iT_n = \sum_{k=0}^{n} \left(e^{ix}\right)^k = \frac{e^{i(n+1)x} - 1}{e^{ix} - 1} = e^{i\frac{nx}{2}} \frac{\sin\left(\frac{n+1}{2}x\right)}{\sin\left(\frac{x}{2}\right)}.$$

$$S_n = \Re e\left(S_n + iT_n\right) = \Re e\left(e^{i\frac{nx}{2}} \frac{\sin\left(\frac{n+1}{2}x\right)}{\sin\left(\frac{x}{2}\right)}\right) = \frac{\cos\left(\frac{nx}{2}\right)\sin\left(\frac{n+1}{2}x\right)}{\sin\left(\frac{x}{2}\right)}.$$

— <u>情形 2: $x \equiv 0 \quad [2\pi]$.</u>

在这种情形下, $\cos(kx) = 1$, 所以 $S_n = \sum_{k=0}^{n} 1 = n+1$.

习题 3.4.6 设 $n \in \mathbb{N}^*$, $x \in \mathbb{R} \Big\backslash \left\{\frac{\pi}{2} + k\pi,\ k \in \mathbb{Z}\right\}$. 计算如下和式

$$S = \sum_{k=0}^{n} \frac{\cos(kx)}{(\cos(x))^k}.$$

3.4.4.c 三角函数的积化和差

积化和差, 即 $\cos^p(\theta)\sin^q(\theta)$ 的线性化, 其中 $p \in \mathbb{N}$, $q \in \mathbb{N}$ 且 $p + q \geqslant 2$, 经常会用到 Euler 公式、三角关系式和下面的 Newton 公式:

$$\forall x \in \mathbb{C},\ \forall y \in \mathbb{C},\ \forall n \in \mathbb{N}, \quad (x+y)^n = \sum_{k=0}^{n} \begin{pmatrix} n \\ k \end{pmatrix} x^k y^{n-k}.$$

下面举例说明.

例 3.4.7 线性化: $\cos^3(x)$ 和 $\sin^5(x)$.

解: 对任意 $x \in \mathbb{R}$,

$$\begin{aligned}
\cos^3(x) &= \left(\frac{e^{ix}+e^{-ix}}{2}\right)^3 \\
&= \frac{1}{8}\left(e^{3ix}+3e^{ix}+3e^{-ix}+e^{-3ix}\right) \\
&= \frac{1}{8}\left(2\cos(3x)+6\cos(x)\right) \\
&= \frac{1}{4}\cos(3x)+\frac{3}{4}\cos(x).
\end{aligned}$$

$$\begin{aligned}
\sin^5(x) = \left(\frac{e^{ix}+e^{-ix}}{2i}\right)^5 &= -\frac{i}{32}\left(e^{5ix}-5e^{3ix}+10e^{ix}-10e^{-ix}+5e^{-3ix}-e^{-5ix}\right) \\
&= -\frac{i}{32}\left(e^{5ix}-e^{-5ix}-5(e^{3ix}-e^{-3ix})+10(e^{ix}-e^{-ix})\right) \\
&= -\frac{i}{32}\left(2i\sin(5x)-10i\sin(3x)+20i\sin(x)\right) \\
&= \frac{1}{16}\sin(5x)-\frac{5}{16}\sin(3x)+\frac{5}{8}\sin(x).
\end{aligned}$$

例 3.4.8 线性化: $\cos^3(x)\sin^5(x)$.

解: <u>方法 1</u>　利用各个因式的线性化形式和三角关系式.

$$\begin{aligned}
\cos^3(x)\sin^5(x) &= \left(\frac{1}{4}\cos(3x)+\frac{3}{4}\cos(x)\right)\left(\frac{1}{16}\sin(5x)-\frac{5}{16}\sin(3x)+\frac{5}{8}\sin(x)\right) \\
&= \frac{1}{64}\cos(3x)\sin(5x)+\frac{3}{64}\cos(x)\sin(5x)-\frac{5}{64}\cos(3x)\sin(3x) \\
&\quad -\frac{15}{64}\cos(x)\sin(3x)+\frac{5}{32}\cos(3x)\sin(x)+\frac{15}{32}\cos(x)\sin(x) \\
&= \frac{1}{128}\left(\sin(8x)+\sin(2x)\right)+\frac{3}{128}\left(\sin(6x)+\sin(4x)\right)-\frac{5}{128}\sin(6x) \\
&\quad -\frac{15}{128}\left(\sin(4x)+\sin(2x)\right)+\frac{5}{64}\left(\sin(4x)-\sin(2x)\right)+\frac{15}{64}\sin(2x) \\
&= \frac{1}{128}\sin(8x)-\frac{1}{64}\sin(6x)-\frac{1}{64}\sin(4x)+\frac{3}{64}\sin(2x).
\end{aligned}$$

<u>方法 2</u>　利用 Euler 公式.

$$\begin{aligned}
\cos^3(x)\times\sin^5(x) &= \left(\frac{e^{ix}+e^{-ix}}{2}\right)^3\times\left(\frac{e^{ix}-e^{-ix}}{2i}\right)^5 \\
&= -\frac{i}{256}\left(e^{3ix}+3e^{ix}+3e^{-ix}+e^{-3ix}\right) \\
&\quad \times\left(e^{5ix}-5e^{3ix}+10e^{ix}-10e^{-ix}+5e^{-3ix}-e^{-5ix}\right).
\end{aligned}$$

接下来展开后再合并即可.

3.5 复数的 n 次根

3.5.1 n 次单位根群

定义 3.5.1 设 $a \in \mathbb{C}$, $n \in \mathbb{N}^*$. 如果 $z^n = a$, 我们称 z 是 a 的一个 n 次根.

例 3.5.1 我们有: i 是 -1 的一个二次根(因为 $i^2 = -1$) ; i 是 1 的一个 4 次根(因为 $i^4 = 1$) ; $1+i$ 是 $-2+2i$ 的一个三次根(因为 $(1+i)^3 = -2+2i$).

定理 3.5.2 设 $n \in \mathbb{N}^*$. 集合 $\mathbb{U}_n := \{z \in \mathbb{C},\ z^n = 1\}$. 记 $\omega = e^{i\frac{2\pi}{n}}$, 则

$$\mathbb{U}_n = \{\omega^k,\ k \in [\![0, n-1]\!]\},$$

并且 $\mathbb{U}_n$ 恰有 n 个不同元素. 我们称 $\mathbb{U}_n$ 为 n 次单位根群.

证明:

注意到 $0 \notin \mathbb{U}$. 设 $z \in \mathbb{C}^*$, θ 是 z 的一个辐角. 则 $n\theta$ 是 z^n 的一个辐角, 并且

$$\begin{aligned} z \in \mathbb{U}_n &\iff z^n = 1 \\ &\iff \begin{cases} |z|^n = 1 \\ n\theta \equiv 0 \quad [2\pi] \end{cases} \\ &\iff \begin{cases} |z| = 1 \\ \text{存在 } k \in \mathbb{Z}\text{, 使得 } \theta = \dfrac{2k\pi}{n} \end{cases} \\ &\iff \text{存在 } k \in \mathbb{Z}\text{, 使得 } z = \omega^k. \end{aligned}$$

由整数的除法规则知, 对任意的 $k \in \mathbb{Z}$, 存在 $q \in \mathbb{Z}$ 和 $r \in [\![0, n-1]\!]$, 使得 $k = r + qn$. 因此

$$\omega^k = \omega^{r+qn} = \omega^r \times (\omega^n)^q = \omega^r \times 1 = \omega^r.$$

所以, $\mathbb{U}_n = \{\omega^k,\ k \in \mathbb{Z}\} = \{\omega^r\ ,\ r \in [\![0, n-1]\!]\}$.
下面证明 $\mathbb{U}_n$ 中恰好有 n 个元素.
对于 $r, r' \in [\![0, n-1]\!]$, 我们有 $-(n-1) \leqslant r - r' \leqslant n-1$, 所以

$$
\begin{aligned}
\omega^r = \omega^{r'} &\iff e^{i\frac{2r\pi}{n}} = e^{i\frac{2r'\pi}{n}} \\
&\iff \text{存在 } k \in \mathbb{Z}. \text{ 使得 } \frac{2r\pi}{n} = \frac{2r'\pi}{n} + 2k\pi \\
&\iff \text{存在 } k \in \mathbb{Z}, \text{ 使得 } r - r' = kn \\
&\iff r = r'.
\end{aligned}
$$

上面最后一个等价成立是因为在 $-(n-1)$ 和 $n-1$ 之间的整数中只有 0 是 n 的整数倍. 这就证明了 $\mathbb{U}_n$ 中的元素两两不同, 所以 $\mathbb{U}_n$ 恰有 n 个不同元素.

⊠

注: 关于上述定理的最后一部分“$\mathbb{U}_n$ 是一个群”, 事实上需要证明 $\mathbb{U}_n$ 关于复数乘法运算 $(\times)$ 满足类似命题3.2.2的四个性质. 我们暂时承认它.

定义 3.5.3　$j := e^{i\frac{2\pi}{3}}$. 因此, j 是一个三次单位根, 其他两个分别是 $j^2 = \bar{j}$ 和 1.

命题 3.5.4　设 $n \in \mathbb{N}, n \geqslant 2$, 则

$$
\sum_{z \in \mathbb{U}_n} z = \sum_{k=0}^{n-1} \omega^k = 0 \quad \text{和} \quad \prod_{z \in \mathbb{U}_n} z = \prod_{k=0}^{n-1} \omega^k = (-1)^{n-1}.
$$

注: 命题中的符号 $\prod$ 是乘积符号. 例如 $\prod\limits_{k=0}^{n} a_k = a_0 \times \cdots \times a_n$; $\prod\limits_{z \in \mathbb{U}_n} z$ 就是将集合 $\mathbb{U}_n$ 中的所有元素相乘.

证明:

事实上, 当 $n \geqslant 2$时, $\omega \neq 1$. 我们有 $\sum\limits_{k=0}^{n-1} \omega^k = \dfrac{\omega^n - 1}{\omega - 1} = \dfrac{1-1}{\omega - 1} = 0$. 同样地,

$$
\prod_{k=0}^{n-1} \omega^k = \omega^{\sum\limits_{k=0}^{n-1} k} = \omega^{\frac{n(n-1)}{2}} = e^{i\frac{2n(n-1)\pi}{2n}} = (e^{i\pi})^{n-1} = (-1)^{n-1}.
$$

⊠

例 3.5.2　我们有 $1 + j + j^2 = 0$ 或者 $1 + j + \bar{j} = 0$.

3.5.2 解方程 $z^n = a$

定理 3.5.5 设 $a \in \mathbb{C}^*$, $n \in \mathbb{N}^*$, 则方程 $z^n = a$ 在 $\mathbb{C}$ 中恰有 n 个不同的解, 它们是 a 的全部 n 次根. 此外, 如果 $r = |a|$, θ 是 a 的一个辐角, 则 $z^n = a$ 的解集为

$$\left\{ z_k = r^{\frac{1}{n}} e^{i\left(\frac{\theta}{n} + \frac{2k\pi}{n}\right)},\ k \in [\![0, n-1]\!] \right\}.$$

证明:

设 $a \in \mathbb{C}^*$, $n \in \mathbb{N}^*$. 很明显 0 不是方程 $z^n = a$ 的解. 设 $z \in \mathbb{C}^*$, $\varphi \in \mathbb{R}$ 是 z 的一个辐角. 则 $n\varphi$ 是 z^n 的一个辐角. 设 θ 是 a 的一个辐角, $r = |a|$. 我们有

$$\begin{aligned} z^n = a &\iff \begin{cases} |z|^n = |a| \\ n\varphi \equiv \theta \quad [2\pi] \end{cases} \\ &\iff \begin{cases} |z| = r^{\frac{1}{n}} \\ \text{存在 } k \in \mathbb{Z}, \text{ 使得 } n\varphi = \theta + 2k\pi \end{cases} \\ &\iff \text{存在 } k \in \mathbb{Z}, \text{ 使得 } z = r^{\frac{1}{n}} e^{i\left(\frac{\theta}{n} + \frac{2k\pi}{n}\right)} \\ &\iff \text{存在 } k \in [\![0, n-1]\!], \text{ 使得 } z = r^{\frac{1}{n}} e^{i\left(\frac{\theta}{n} + \frac{2k\pi}{n}\right)}, \end{aligned}$$

其中, 与证明 n 次单位根群时相同, 最后一个等价利用整数的除法规则得到, 并且同样可证得这 n 个复数两两不同. ⊠

注: 在上述定理中, 我们将 k 的范围限定在 $[\![0, n-1]\!]$ 中, 但事实上, 只要 k 取 n 个连续的整数即可. 也即是说, 对任意的整数 p, a 的全部 n 次根为

$$\left\{ r^{\frac{1}{n}} e^{i\left(\frac{\theta}{n} + \frac{2k\pi}{n}\right)},\ k \in [\![p, p+n-1]\!] \right\}.$$

推论 3.5.6 设 $a \in \mathbb{C}^*$, $n \in \mathbb{N}^*$, ξ 是 a 的一个 n 次根, 则 a 的 n 次根可以通过用 ξ 乘以 n 次单位根得到. 也就是说, 对于 $z \in \mathbb{C}$,

$$z^n = a \iff \text{存在 } k \in [\![0, n-1]\!], \text{ 使得 } z = \xi \times \omega^k.$$

证明:

事实上, 对于 $z \in \mathbb{C}$,

$$\begin{aligned} z^n = a &\iff z^n = \xi^n \\ &\iff \left(\frac{z}{\xi}\right)^n = 1 \quad (\xi \neq 0) \\ &\iff \text{存在 } k \in [\![0, n-1]\!], \text{ 使得 } \frac{z}{\xi} = \omega^k \\ &\iff \text{存在 } k \in [\![0, n-1]\!], \text{ 使得 } z = \xi \times \omega^k. \end{aligned}$$

⊠

例 3.5.3 确定 i 的全部三次根. (给出它们的代数形式.)

解: 我们写出 i 的指数形式为 $i = e^{i\frac{\pi}{2}}$. 因此, 对于 $z \in \mathbb{C}^*$, 设 θ 是 z 的一个辐角, 则 3θ 是 z^3 的一个辐角, 从而有

$$z^3 = i \iff \begin{cases} |z|^3 = 1 \\ 3\theta \equiv \dfrac{\pi}{2} \quad [2\pi] \end{cases} \iff \begin{cases} |z| = 1, \\ \text{存在 } k \in [|0, 2|], \text{ 使得 } \theta = \dfrac{\pi}{6} + \dfrac{2k\pi}{3}. \end{cases}$$

所以

$$z^3 = i \iff \text{存在 } k \in [\![-1, 1]\!], \text{ 使得 } z = e^{i\left(\frac{\pi}{6} + \frac{2k\pi}{3}\right)} \iff z \in \left\{e^{-i\frac{\pi}{2}}, e^{i\frac{\pi}{6}}, e^{i\frac{5\pi}{6}}\right\}.$$

因此 $\boxed{i \text{ 的全部三次根为} \left\{-i, \frac{\sqrt{3}}{2} + \frac{1}{2}i, -\frac{\sqrt{3}}{2} + \frac{1}{2}i\right\}}$.

注: 当然, 我们也可以直接利用上述定理得出结论. 需要说明的是, 由于一般角度的正弦值和余弦值我们很难直接用一个实数表示出来, 所以用这种方法时, 我们一般给出的是指数形式, 有时也可以给出代数形式, 但并不是总能实现的.

习题 3.5.4 解 $z^4 = -8 + 8i\sqrt{3}$.

3.6 解二次复系数方程

在3.5节中, 我们给出了求一个非零复数的 n 次根的方法, 该方法通常给出根的指数形式或三角形式, 不总是能给出更为显式的代数形式(因为并不是总能写出 $\cos\left(\dfrac{\theta}{n}\right)$ 的具体数值). 但是, 给出平方根的代数形式, 我们总能做到.

命题 3.6.1 设 $a=X+iY$ 是一个非零复数, $z=x+iy$, 其中 $X,Y,x,y\in\mathbb{R}$. 那么, z 是 a 的一个平方根当且仅当

$$\begin{cases} x^2 &= \dfrac{1}{2}\left(X+\sqrt{X^2+Y^2}\right), \\ y^2 &= \dfrac{1}{2}\left(-X+\sqrt{X^2+Y^2}\right), \\ 2xy &= Y. \end{cases}$$

第三个方程用于确定 x 和 y 是同号或异号. 特别地, a 的两个平方根互为相反数.

证明:

注意到: $z^2=a \iff (z^2=a$ 和 $|z|^2=|a|)$. 因此我们有

$$\begin{aligned} z^2=a &\iff \begin{cases} |z|^2=|a| \\ z^2=a \end{cases} \\ &\iff \begin{cases} x^2+y^2=\sqrt{X^2+Y^2} \\ (x^2-y^2)+2ixy=X+iY \end{cases} \\ &\iff \begin{cases} x^2+y^2=\sqrt{X^2+Y^2} & (L_1) \\ x^2-y^2=X & (L_2) \\ 2xy=Y & (L_3) \end{cases} \\ &\iff \begin{cases} x^2=\dfrac{1}{2}\left(X+\sqrt{X^2+Y^2}\right) & \left(L_1 \longleftarrow \dfrac{1}{2}(L_1+L_2)\right), \\ y^2=\dfrac{1}{2}\left(-X+\sqrt{X^2+Y^2}\right) & \left(L_2 \longleftarrow \dfrac{1}{2}(L_1-L_2)\right), \\ 2xy=Y & (L_3). \end{cases} \end{aligned}$$

⊠

注: 需要指出的是, 上述命题的证明给出了求一个复数的代数形式的平方根的一个方法, 这里重要的是掌握此方法而非记忆这些公式. 我们可以通过最后那个方程组求出平方根的实部和虚部, 其中前两个方程用来确定 x 和 y 的绝对值, 第三个方程用来确定 x 和 y 是同号还是异号.

例 3.6.1 我们求 $1+i$ 的平方根. 设 $z=x+iy$, $(x,y)\in\mathbb{R}^2$. 那么

$$z^2=1+i \iff \begin{cases} |z|^2=|1+i| \\ \Re e(z^2)=1 \\ \Im m(z^2)=1 \end{cases} \iff \begin{cases} x^2+y^2=\sqrt{2} \\ x^2-y^2=1 \\ 2xy=1 \end{cases} \iff \begin{cases} x^2=\dfrac{1+\sqrt{2}}{2}, \\ y^2=\dfrac{\sqrt{2}-1}{2}, \\ 2xy=1. \end{cases}$$

第三式表明 x 和 y 有相同的符号. 因此, $1+i$ 的两个平方根分别是

$$z_1=\sqrt{\frac{1+\sqrt{2}}{2}}+i\sqrt{\frac{\sqrt{2}-1}{2}} \quad 和 \quad z_2=-z_1.$$

习题 3.6.2 用 3.5 节中的方法重新计算 $1+i$ 的平方根; 再与上述例题的结果比较, 你能得出什么结论?

习题 3.6.3 求 $5-12i$ 的平方根.

回忆: 设 a,b,c 是三个复数, 且 $a\neq 0$. 则二次方程 $az^2+bz+c=0$ 的判别式为 $\Delta=b^2-4ac$, 并且有

$$\forall z\in\mathbb{C},\ az^2+bz+c=a\left(\left(z+\frac{b}{2a}\right)^2-\frac{\Delta}{4a^2}\right) \quad (标准形式).$$

设 $z\in\mathbb{C}$, 则有

$$az^2+bz+c=0 \iff \left(z+\frac{b}{2a}\right)^2=\frac{\Delta}{4a^2}.$$

从而求解二次方程 $az^2+bz+c=0$ 的问题就归结为求判别式 Δ 的平方根的问题.

定理 3.6.2 设 $a,b,c\in\mathbb{C}$ 且 $a\neq 0$. $az^2+bz+c=0$ 是一个复系数二次方程, 其判别式为 $\Delta=b^2-4ac$. 那么:

— 情形 $1:\Delta=0$

此时方程有唯一解(二重根):

$$z_0=\frac{-b}{2a};$$

并且, 对任意 $z\in\mathbb{C}$, $az^2+bz+c=a(z-z_0)^2$.

— 情形 $2:\Delta\neq 0$

设 δ 是 Δ 的一个平方根. 此时方程有两个不同的复数解(两个单根):

$$z_1=\frac{-b-\delta}{2a} \quad 和 \quad z_2=\frac{-b+\delta}{2a};$$

并且, 对任意 $z\in\mathbb{C}$, $az^2+bz+c=a(z-z_1)(z-z_2)$.

证明:

— 如果 $\Delta = 0$. 由标准形式得

$$az^2+bz+c=0 \iff a\left(z+\frac{b}{2a}\right)^2=0 \iff z=-\frac{b}{2a} \quad (\text{因为 } a\neq 0).$$

— 如果 $\Delta \neq 0$. 此时 Δ 有两个不同的平方根. 设 $\delta \in \mathbb{C}$ 是 Δ 的一个平方根. 则对于 $z \in \mathbb{C}$ 有

$$\begin{aligned} az^2+bz+c &= a\left(\left(z+\frac{b}{2a}\right)^2-\frac{\Delta}{4a^2}\right) \\ &= a\left(\left(z+\frac{b}{2a}-\frac{\delta}{2a}\right)\left(z+\frac{b}{2a}+\frac{\delta}{2a}\right)\right). \end{aligned}$$

由 $a \neq 0$, 我们得到方程有两个不同的复数解:

$$z_1=\frac{-b-\delta}{2a} \quad \text{和} \quad z_2=\frac{-b+\delta}{2a}.$$

⊠

注意: 对于复系数二次方程, 判别式 Δ 不一定是大于 0 的实数, 因此不要写 $\sqrt{\Delta}$！

例 3.6.4 解方程 $z^2+(1+i)z+\frac{1}{2}=0$.

解: 判别式 $\Delta=(1+i)^2-4\times 1\times\frac{1}{2}=-2+2i\neq 0$. 设 $x, y \in \mathbb{R}$, 我们有

$$\begin{aligned} (x+iy)^2=-2+2i &\iff \begin{cases} x^2+y^2=|-2+2i|=2\sqrt{2} \\ x^2-y^2=\Re e(-2+2i)=-2 \\ 2xy=\Im m(-2+2i)=2 \end{cases} \\ &\iff \begin{cases} x^2=\sqrt{2}-1, \\ y^2=\sqrt{2}+1, \\ 2xy=2, \end{cases} \end{aligned}$$

其中第三个等式表明 x 和 y 同号. 所以有 $\delta=\sqrt{\sqrt{2}-1}+i\sqrt{\sqrt{2}+1}$ 是 Δ 的一个平方根. 因此所要求解的方程有两个不同的复数解:

$$z_1=\frac{-(1+i)+\delta}{2}=\frac{-1+\sqrt{\sqrt{2}-1}}{2}+i\frac{-1+\sqrt{\sqrt{2}+1}}{2},$$

$$z_2=\frac{-(1+i)-\delta}{2}=\frac{-1-\sqrt{\sqrt{2}-1}}{2}+i\frac{-1-\sqrt{\sqrt{2}+1}}{2}.$$

命题 3.6.3 (根与系数的关系) 设复系数二次方程 $(E): az^2+bz+c=0$, 其中 $a,b,c\in\mathbb{C}$ 且 $a\neq 0$. 设 z_1, z_2 是两个复数(可能 $z_1=z_2$). 那么,

$$\{z_1,z_2\}\ \text{是方程}\ (E)\ \text{的解集} \iff \begin{cases} z_1+z_2=-\dfrac{b}{a}, \\ z_1z_2=\dfrac{c}{a}. \end{cases}$$

特别地, 当 $z_1=z_2$ 时, 则 z_1 是 (E) 的唯一解(二重根).

证明:

($\Longrightarrow$) 设 z_1 和 z_2 都是方程 (E) 的解(可能 $z_1=z_2$). 由前述定理, 对于任意复数 z 有: $az^2+bz+c=a(z-z_1)(z-z_2)=az^2-a(z_1+z_2)z+az_1z_2$. 比较上式两端的多项式得

$$\begin{cases} -a(z_1+z_2)=b, \\ az_1z_2=c, \end{cases} \quad \text{即} \quad \begin{cases} z_1+z_2=-\dfrac{b}{a}, \\ z_1z_2=\dfrac{c}{a}, \end{cases}$$

($\Longleftarrow$) 设 z_1, z_2 满足 $\begin{cases} z_1+z_2=-\dfrac{b}{a}, \\ z_1z_2=\dfrac{c}{a}. \end{cases}$ 那么

$az_1^2+bz_1+c=az_1^2-a(z_1+z_2)z_1+az_1z_2=az_1^2-az_1^2-az_1z_2+az_1z_2=0$;

同样地,我们有 $az_2^2+bz_2+c=0$. 因此, z_1 和 z_2 都是方程 (E) 的解.

如果 $z_1\neq z_2$, 则 z_1 和 z_2 是 (E) 的两个不同的复数解.

如果 $z_1=z_2$, 我们有

$$\begin{cases} 2z_1=-\dfrac{b}{a}, \\ z_1^2=\dfrac{c}{a}, \end{cases} \quad \text{即} \quad \begin{cases} z_1=-\dfrac{b}{2a}, \\ \dfrac{b^2}{4a^2}=\dfrac{c}{a}, \end{cases} \quad \text{即} \quad \begin{cases} z_1=-\dfrac{b}{2a}, \\ \Delta=0. \end{cases}$$

所以, 此时 z_1 是方程 (E) 的唯一解(二重根). ⊠

例 3.6.5 解方程组 (S) : $\begin{cases} \ln(x)+\ln(y)=\ln(6), \\ x+y=5. \end{cases}$

解: 对于实数 $x>0$, $y>0$, 有

$$(x,y)\ \text{是}\ (S)\ \text{的一个解} \iff \begin{cases} \ln(xy)=\ln(6) \\ x+y=5 \end{cases} \iff \begin{cases} xy=6, \\ x+y=5. \end{cases}$$

所以, (x,y) 是 (S) 的一个解 $\iff$ $\{x\ ,\ y\}$ 是二次方程 $z^2-5z+6=0$ 的解集.

方程 $z^2-5z+6=0$ 的判别式 $\Delta=5^2-4\times6=1\neq0$, 并且 $\delta=1$ 是 Δ 的一个平方根. 所以该方程的两个解分别为: $z_1=\dfrac{5+1}{2}=3$ 和 $z_2=\dfrac{5-1}{2}=2$.

因此, 方程组 (S) 的解集为: $\{(2,3),\ (3,2)\}$.

3.7 实变量复值函数

定义 3.7.1 设 $f:I\longrightarrow\mathbb{C}$ 是一元实变量复值函数, 其中 $I\subset\mathbb{R}$ 是一个区间. 如果 f 的实部和虚部都在 I 上可导, 我们就称 f 在 I 上可导. 换句话说, 记 $f=u+iv$, 其中 u,v 是定义在 I 上的实值函数, 如果 u 和 v 在 I 上都是可导的, 则 f 在 I 上是可导的. 在这种情况下, f 的导数为 $f'=u'+iv'$.

例 3.7.1 考虑函数 $f:\ x\mapsto e^x+i\cos(x)$. 由于自然指数函数和余弦函数都是 $\mathbb{R}$ 上的可导的实值函数, 则 f 在 $\mathbb{R}$ 上可导, 且

$$\forall x\in\mathbb{R},\ f'(x)=e^x-i\sin(x).$$

实值函数中常用的求导法则, 对复值函数也适用. 请读者自己证明下面的命题.

命题 3.7.2 如果 f 和 g 是从区间 I 到 $\mathbb{C}$ 的两个可导函数, 那么

(i) $f\pm g$ 在 I 上可导, 且 $(f\pm g)'=f'\pm g'$;

(ii) $f\times g$ 在 I 上可导, 且 $(f\times g)'=f'g+fg'$;

(iii) 如果 g 在 I 上恒不为零, 则 $\dfrac{f}{g}$ 在 I 上可导, 且 $\left(\dfrac{f}{g}\right)'=\dfrac{f'g-fg'}{g^2}$.

定理 3.7.3 下列结论成立:

(i) 设 $a\in\mathbb{C}$, 则函数 $f_a:\begin{array}{l}\mathbb{R}\longrightarrow\mathbb{C}\\ x\mapsto\exp(ax)\end{array}$ 在 $\mathbb{R}$ 上可导, 并且有

$$\forall x\in\mathbb{R},\ f_a'(x)=a\exp(ax).$$

(ii) 设 I 是一个区间, $\varphi:I\longrightarrow\mathbb{C}$ 是一个可导函数, 则 $f=\exp\circ\varphi$ 在 I 上可导, 并且 $f'=\varphi'\times\exp\circ\varphi$.

证明:

我们先证明 (ii).

令 $\varphi = u + iv$, 其中 u 和 v 是两个实值函数, 则

$$f = \exp(\varphi) = \exp(u + iv) = \exp(u)\exp(iv) = e^u\left(\cos(v) + i\sin(v)\right).$$

因为 φ 在 I 上可导, 从而 u 和 v 都在 I 上可导. 所以实值函数 e^u, $\cos(v)$ 和 $\sin(v)$ 都在 I 上可导. 由复值函数的求导法则, 我们有: f 在区间 I 上可导, 并且

$$\begin{aligned} f' &= u'e^u\exp(iv) + e^u\left(-v'\sin(v) + iv'\cos(v)\right) \\ &= u'\exp(u + iv) + iv'e^u\left(\cos(v) + i\sin(v)\right) \\ &= (u' + iv')\exp(u + iv) \\ &= \varphi'\exp(\varphi). \end{aligned}$$

再证明 (i). 令 $\varphi: x \mapsto ax$, 利用 (ii) 可得 (i). ⊠

例 3.7.2 求函数 $g: x \mapsto e^{2ix}(1 + ix)$ 的导数.

解: 因为函数 $x \mapsto e^{2ix}$ 在 $\mathbb{R}$ 上可导且导数为 $x \mapsto 2ie^{2ix}$, 以及函数 $x \mapsto 1 + ix$ 在 $\mathbb{R}$ 上可导且导数为 $x \mapsto i$, 所以 g 在 $\mathbb{R}$ 上可导且对任意 $x \in \mathbb{R}$ 有

$$g'(x) = 2ie^{2ix}(1 + ix) + e^{2ix}i = e^{2ix}(-2x + 3i).$$

习题 3.7.3 证明函数 $f: x \mapsto \exp(ix^2 - x)$ 在 $\mathbb{R}$ 上可导并且求其导数.

第 4 章　常微分方程

本章除非特殊说明, $\mathbb{K}=\mathbb{R}$ 或 $\mathbb{K}=\mathbb{C}$.

4.1　定　　义

定义 4.1.1　设 $n\in\mathbb{N}^*$. 关于自变量 t、以 t 为自变量的未知函数 y (定义域 I 待定) 以及 y 的各阶导数的方程

$$(E):\quad F(t,y,y',\cdots,y^{(n-1)},y^{(n)})=0$$

称为 n 阶常微分方程, 其中 $y^{(k)}$ ($k\in[\![1,n]\!]$) 是 y 的 k 阶导数, F 是 $(n+2)$ 元函数且关于最后一个变量是非定常的.

注: (1) 微分方程的未知量是未知函数 y, 而非自变量 t. 一般说来, 微分方程就是联系自变量、未知函数以及未知函数的某些导数的关系式.

(2) 在常微分方程中所出现的未知函数的导数的最高阶数, 称为该方程的阶.

(3) 我们称n元函数f关于第i个分量是*定常的*, 如果对于固定的$x_1,\cdots,x_{i-1},x_{i+1},\cdots,x_n$, 关于第$i$个分量的一元函数$f_i:x_i\mapsto f(x_1,\cdots,x_i,\cdots,x_n)$是常函数. “$F$ 关于最后一个变量是非定常的” 是为了保证方程确实是 n 阶的. 例如, 我们令 $F(t,x,y,z)=x+y$, 则微分方程 $F(t,y,y',y'')=0$, 即 $y+y'=0$ 是一阶的而非二阶的.

例 4.1.1　(1) $y'+2y=0$ 是一阶(线性)常微分方程 (令 $F(t,y,y')=y'+2y$);

(2)　$ty'(t)-y(t)-t^2=0$ 是一阶(线性)常微分方程;

(3)　$y'=1+y^2$ 是一阶(非线性)常微分方程;

(4)　$y''+\omega^2y=0$ 是二阶(线性)常微分方程;

(5)　$y^{(6)}-e^ty^{(3)}+2y^2=\cos(t)$ 是 6 阶(非线性)常微分方程.

定义 4.1.2　设 I 是一个非平凡的区间. 如果 y 在 I 上有定义且在 I 上至少 n 阶可导, 并且满足

$$\forall t \in I, \quad F(t, y(t), y'(t), \cdots, y^{(n)}(t)) = 0.$$

我们就称 y 是方程 (E) 在区间 I 上的一个解. 因此, 微分方程 (E) 的一个解是一个二元组 (I, y).

例 4.1.2　定义函数 $f: \forall t \in [0,1]$, $f(t) = \exp(t)$. 则 $([0,1], f)$ 是方程 $y' = y$ 的一个解.

事实上, 对任意区间 I, 定义函数 $Y_I: \forall t \in I$, $Y_I(t) = \exp(t)$. 则 Y_I 是方程 $y' = y$ 在 I 上的一个解.

注: 当我们解微分方程时, 我们总是寻求定义区间最大的解.

定义 4.1.3　解微分方程 (E) 就是找出其所有的**最大解**(或**饱和解**), 即找出所有的解 y, 其定义区间 I 是最大的(也就是说, 不存在 (E) 的这样的解 (J, z) : $I \subsetneq J$ 且 $z_{|I} = y$).

例 4.1.3　在例 4.1.2 中, 方程 $y' = y$ 的所有最大解都是定义在 $\mathbb{R}$ 上的函数且具有如下形式:

$$y_A: \begin{array}{l} \mathbb{R} \longrightarrow \mathbb{K}, \\ t \mapsto A\exp(t), \end{array} \qquad \text{其中 } A \text{ 是 } \mathbb{K} \text{ 中任意常数.}$$

定义 4.1.4　一个微分方程 (E) 称为是**线性的**, 如果 (E) 具有形式: $\varphi(y) = b$, 其中 y 是未知函数, b 是一个已知函数, φ 是一个线性映射, 即对所有的未知函数 y_1, y_2 和常数 $\lambda \in \mathbb{K}$, φ 满足

$$\varphi(y_1 + y_2) = \varphi(y_1) + \varphi(y_2) \quad \text{和} \quad \varphi(\lambda y_1) = \lambda \varphi(y_1).$$

此时, 我们称

(i) b 是 (E) 的**右端项**;

(ii) 微分方程 $(E_H): \varphi(y) = 0$ 是 (E) 的**齐次方程**.

注: 关于线性映射我们在第1章中已经提及, 详尽的理论我们将在《大学数学基础》中介绍. 这里给出线性映射的一个等价的定义: φ 是一个线性映射当且仅当对任意的未知量 y_1, y_2 和任意的 $\lambda, \mu \in \mathbb{K}$, 有 $\varphi(\lambda y_1 + \mu y_2) = \lambda \varphi(y_1) + \mu \varphi(y_2)$.

例 4.1.4 设 $\varphi:\ y\mapsto y'-y$. 对所有的未知量 y_1, y_2 和常数 $\lambda,\mu\in\mathbb{K}$, 我们有

$$\begin{aligned}\varphi(\lambda y_1+\mu y_2)&=(\lambda y_1+\mu y_2)'-(\lambda y_1+\mu y_2)\\&=\lambda y_1'+\mu y_2'-\lambda y_1-\mu y_2\\&=\lambda(y_1'-y_1)+\mu(y_2'-y_2)\\&=\lambda\varphi(y_1)+\mu\varphi(y_2).\end{aligned}$$

因此, $y'-y=0$ 是一个线性微分方程.

例 4.1.5 我们说 $y'=1+y^2$ 不是线性微分方程.

事实上, 我们有 $y'-y^2=1$. 令 $\varphi:\ y\mapsto y'-y^2$, $b=1$ (常函数). 那么, 如果 $y\neq 0$ (即 y 不是零函数), 则 $\varphi(2y)=2y'-4y^2\neq 2(y'-y^2)=2\varphi(y)$. 所以, φ 不是线性映射.

注: 有很多的微分方程我们无法求得其解的显式的表达式, 这时我们可以研究其数值解或对解进行定性分析, 但这些知识不在本书所探讨的范围内. 在这一章中, 我们主要学习一阶和二阶线性常微分方程的解法.

4.2 一阶线性微分方程

定义 4.2.1 *一阶线性微分方程*是有如下形式的微分方程:

$$\alpha(t)y'(t)+\beta(t)y(t)=\gamma(t),\tag{4.1}$$

其中 α,β 和 γ 是定义在区间 I 上的函数且 $\alpha\neq 0$ (即 α 不是零函数).
当 $\alpha=1$ (即 α 是常值函数 1)时, 我们称其为*预解形式*的线性微分方程, 即具有如下形式的微分方程:

$$y'(t)+a(t)y(t)=b(t),$$

其中 a,b 是定义在区间 I 上的函数.

注: 为方便起见, 我们经常简写微分方程, 例如: $y'+a(t)y=b(t)$. 注意, 这种写法仅用于和微分方程有关的内容, 而在其他情况下我们依然要注意区分函数与函数值!

命题 4.2.2 一阶线性微分方程是线性的.

证明:

方程(4.1)可写为 $\varphi(y)=b$, 其中 $b=\gamma$, $\varphi:\ y\mapsto \alpha y'+\beta y$.
设 y_1, y_2 是未知量, $\lambda,\mu\in\mathbb{K}$. 我们有

$$\begin{aligned}\varphi(\lambda y_1+\mu y_2)&=\alpha(\lambda y_1+\mu y_2)'+\beta(\lambda y_1+\mu y_2)\\&=\alpha(\lambda y_1'+\mu y_2')+\beta(\lambda y_1+\mu y_2)\\&=\lambda(\alpha y_1'+\beta y_1)+\mu(\alpha y_2'+\beta y_2)\\&=\lambda\varphi(y_1)+\mu\varphi(y_2).\end{aligned}$$

所以, φ 是一个线性映射, 方程 (4.1) 是线性的. ⊠

4.2.1 指数函数及其特征

定理 4.2.3 (第一个特征) 设 $a\in\mathbb{K}$. 函数 $F_a:\begin{array}{l}\mathbb{R}\longrightarrow\mathbb{K}\\ t\ \mapsto \exp(at)\end{array}$ 是方程 $y'=ay$ 满足初值条件 $y(0)=1$ 的唯一的最大解.

证明:

首先, 易验证 $(\mathbb{R},F_a)$ 是方程 $y'=ay$ 的一个最大解, 且满足 $F_a(0)=1$.
其次, 假设 y 是方程 $y'=ay$ 在 $\mathbb{R}$ 上的满足 $y(0)=1$ 的一个解.
令 $z:\ t\mapsto y(t)\exp(-at)$. 由假设知 y 在 $\mathbb{R}$ 上可导, 又有 $t\mapsto\exp(-at)$ 也在 $\mathbb{R}$ 上可导, 因此 z 在 $\mathbb{R}$ 上可导, 且对任意 $t\in\mathbb{R}$,

$$z'(t)=y'(t)\exp(-at)-ay(t)\exp(-at)=\exp(-at)\underbrace{(y'(t)-ay(t))}_{0}=0.$$

由于 $\mathbb{R}=(-\infty,+\infty)$ 是一个区间, 故 z 在 $\mathbb{R}$ 上是一个常值函数.
此外, $z(0)=y(0)\exp(0)=1\times1=1$. 从而 $z=1$.所以,

$$\forall t\in\mathbb{R},\ y(t)=\exp(at),$$

即 $y=F_a$. 这就证明了唯一性. ⊠

注: 不论 a 是实数还是复数, 函数 F_a 总是实变量函数. 上述定理给出了(实值或复值)指数函数 $t\mapsto\exp(at)$ 的**第一个特征**, 即它是微分方程 $y'=ay$ 满足初值条件 $y(0)=1$ 的唯一解.

定理 4.2.4 (第二个特征) 在 $\mathbb{R}$ 上可导并且满足

$$\forall(x,y)\in\mathbb{R}^2, f(x+y)=f(x)\times f(y) \tag{4.2}$$

的函数 f 要么是指数函数 F_a $(a\in\mathbb{K})$, 要么是零函数.

证明:

首先, 指数函数 F_a 和零函数都在 $\mathbb{R}$ 上可导, 且满足性质(4.2).
其次, 假设 f 是一个在 $\mathbb{R}$ 上可导的函数, 且满足性质(4.2). 对 $x\in\mathbb{R}$, 定义

$$g:\begin{array}{l}\mathbb{R}\longrightarrow\mathbb{K},\\ t\mapsto f(t+x)-f(t)f(x).\end{array}$$

由 f 在 $\mathbb{R}$ 上可导及函数求导法则知, g 在 $\mathbb{R}$ 上也可导. 此外, 由性质(4.2)知, g 恒为零, 从而 g' 也恒为零. 因此, $\forall t\in\mathbb{R}$, $f'(t+x)=f'(t)f(x)$.
令 $t=0$, 我们有 $f'(x)=f'(0)f(x)$. 令 $a=f'(0)$. 我们得到

$$\forall x\in\mathbb{R},\ f'(x)=af(x).$$

即: f 是方程 $y'=ay$ 在 $\mathbb{R}$ 上的一个解. 下面我们分两种情况讨论:

— 若 f 恒等于零, 则结论成立;

— 否则, 至少存在一个 t_0 使得 $f(t_0)\neq 0$. 在(4.2)中, 令 $y=t_0$, $x=0$. 我们有 $f(t_0)=f(0+t_0)=f(0)\times f(t_0)$. 注意到, $f(t_0)\neq 0$; 所以, $f(0)=1$. 因此, 我们证明了: f 是方程 $y'=ay$ 满足初值条件 $y(0)=1$ 的一个最大解(f 定义在 $\mathbb{R}$ 上). 根据指数函数第一特征定理, 我们有 $f=F_a$.

⊠

注: 形如 $y'=ay$ 的微分方程在物理学中的例子:

(1) 放射性元素衰减. 例如, 同位素钚-239 (Pu-239). 物理定律告诉我们: 如果记 $N(t)$ 为 t 时刻放射性原子的数量(或质量), 则放射率 $A=-\dfrac{\mathrm{d}N}{\mathrm{d}t}$ 与 N 成比例. 也就是说, $-\dfrac{\mathrm{d}N}{\mathrm{d}t}=\lambda N$, 其中 λ 是衰变常数. 常数 $\dfrac{\ln 2}{\lambda}$ 称为该放射元素的半衰期, 即放射性原子衰减原来数量的一半所需要的时间.

(2) Newton 冷却定律指出物体温度的变化与物体自身温度和其周围温度之差成比例, 即

$$\frac{\mathrm{d}T}{\mathrm{d}t}=h(T_0-T),$$

其中 T 是物体温度, T_0 是物体周围温度, h 是 Newton 系数.

4.2.2　解集的构成与叠加原理

定理 4.2.5　设线性微分方程 $(E):\varphi(y)=b$, y_p 是 (E) 的一个特解. 那么, y 是 (E) 的一个解当且仅当 $y-y_p$ 是 (E_H) 的一个解. 换句话说, 记 $\mathcal{S}$ 是 (E) 的解集, $\mathcal{S}_H$ 是 (E_H) 的解集, 我们有: $\mathcal{S}=y_p+\mathcal{S}_H$.

注: 所谓"特解", 就是方程 (E) 的一个解. 在解微分方程时, 这样一个解往往是通过一些特殊的方法获得, 例如: 常数变易法、利用复数的方法、观察明显解的方法等等. 我们将在本小节的最后介绍这些方法.

证明:

设 y 是一个可导函数, 我们有

$$
\begin{aligned}
y\text{ 是 }(E)\text{的一个解} &\iff \varphi(y)=b\\
&\iff \varphi(y)=\varphi(y_p) && (y_p\text{是 }(E)\text{的一个解})\\
&\iff \varphi(y)-\varphi(y_p)=0\\
&\iff \varphi(y-y_p)=0 && (\varphi\text{是线性的})\\
&\iff y-y_p\text{ 是 }(E_H)\text{ 的一个解.}
\end{aligned}
$$

⊠

命题 4.2.6 (叠加原理)　设 φ 是一个线性映射, b_1 和 b_2 是两个函数, y_1 是 $\varphi(y)=b_1$ 的一个解, y_2 是 $\varphi(y)=b_2$ 的一个解. 我们有

(i) y_1+y_2 是 $\varphi(y)=b_1+b_2$ 的一个解;

(ii) 对任意的 $\lambda\in\mathbb{K}$, λy_1 是 $\varphi(y)=\lambda b_1$ 的一个解.

证明:

由 φ 的线性性我们有

$$
\begin{aligned}
\varphi(y_1+y_2)&=\varphi(y_1)+\varphi(y_2)=b_1+b_2;\\
\varphi(\lambda y_1)&=\lambda\varphi(y_1)=\lambda b_1.
\end{aligned}
$$

⊠

例 4.2.1　如果要解微分方程 (E): $y'-y=\cos(t)+3\pi e^{2t}$, 那么我们分三步:

— 步骤 1 : 找出 $y'-y=\cos(t)$ 的一个特解 y_1.

— 步骤 2 : 找出 $y'-y=e^{2t}$ 的一个特解 y_2.

由叠加原理我们知道 $y_1+3\pi y_2$ 是方程 (E) 的一个特解.

— 步骤 3 : 解相应的齐次方程 (E_H): $y'-y=0$, 得到 (E_H) 的解集 $\mathcal{S}_H$.

因此, 由解的结构定理得 (E) 的解集 $\mathcal{S}=y_1+3\pi y_2+\mathcal{S}_H$.

4.2.3 齐次方程的解

命题 4.2.7 考虑微分方程 (E_H) : $y' + a(t)y = 0$, 其中 $a : I \longrightarrow \mathbb{K}$ 是非平凡区间 I 上的一个连续函数. 设 A 是 a 在 I 上的一个原函数. 那么,

(i) 微分方程 (E_H) 在区间 I 上有解;

(ii) (I, y) 是 (E_H) 的一个解当且仅当 y 满足: 存在 $\lambda \in \mathbb{K}$, 使得

$$\forall t \in I,\ y(t) = \lambda \exp(-A(t)).$$

换言之, 方程 (E_H) 在 I 上的解集为

$$\begin{aligned}\mathcal{S}_H &= \left\{ y \in D^1(I) \,\middle|\, \exists \lambda \in \mathbb{K},\ \forall t \in I,\ y(t) = \lambda \exp(-A(t)) \right\} \\ &= \left\{ y : \begin{array}{l} I \longrightarrow \mathbb{K}, \\ t \mapsto \lambda \exp(-A(t)) \end{array} \,\middle|\, \lambda \in \mathbb{K} \right\}.\end{aligned}$$

证明:

首先, 注意到 a 在 I 上连续, 故 a 在 I 上存在原函数. 因此, A 存在. 直接计算可以验证函数 $t \mapsto \exp(-A(t))$ 在 I 上可导且满足方程 (E_H). 因此方程 (E_H) 在 I 上有解. 记 (E_H) 在 I 上全体解的集合为 $\mathcal{S}_H$.

其次, 设 y 是 I 上的一个可导函数, 令 $z = y\exp(A)$. 由于指数函数恒不为零, 我们有

$$z = y\exp(A) \iff y = z\exp(-A).$$

因此, y 在 I 上可导当且仅当 z 在 I 上可导. 由 y 可导得

$$\forall t \in I,\ y'(t) = z'(t)\exp(-A(t)) - z(t)a(t)\exp(-A(t)),$$

从而 $\forall t \in I,\ y'(t) + a(t)y(t) = z'(t)\exp(-A(t))$. 我们有

$$\begin{aligned} y \in \mathcal{S}_H &\iff \forall t \in I,\ y'(t) + a(t)y(t) = 0 \\ &\iff \forall t \in I,\ z'(t)\exp(-A(t)) = 0 \\ &\iff \forall t \in I,\ z'(t) = 0 \quad (\text{因为 } \exp(-A) \text{ 在 } I \text{ 上恒不为零}) \\ &\iff \exists \lambda \in \mathbb{K}, \forall t \in I,\ z(t) = \lambda \quad (\text{因为 } I \text{ 是一个区间}) \\ &\iff \exists \lambda \in \mathbb{K}, \forall t \in I,\ y(t) = \lambda \exp(-A(t)). \end{aligned}$$

⊠

注: 在练习中我们选择区间 I 为使得 a 连续的一个最大区间, 那么该命题所确定的解(也是最大解)都是定义在整个 I 上!

例 4.2.2 考虑微分方程 $(E) : y' = ay, a \in \mathbb{C}$.

我们利用上述命题解该方程. 注意到: (E) 可以写为 $y' - ay = 0$. 我们知道 $t \mapsto -a$ 在 $\mathbb{R}$ 上连续, $t \mapsto -at$ 是它在 $\mathbb{R}$ 上的一个原函数. 因此

$$\text{方程 } (E) \text{ 的解集为: } \left\{ y : \begin{array}{rcl} \mathbb{R} & \longrightarrow & \mathbb{C} \\ t & \mapsto & \lambda \exp(at) \end{array} \;\middle|\; \lambda \in \mathbb{C} \right\}.$$

例 4.2.3　解微分方程 $(E) : y' + \dfrac{1}{1+t^2} y = 0$.

解: 因为 $t \mapsto \dfrac{1}{1+t^2}$ 在 $\mathbb{R}$ 上连续, 且 arctan 是其在 $\mathbb{R}$ 上的一个原函数. 因此 (E) 的所有最大解都是定义在 $\mathbb{R}$ 的函数, 并且

$$(E) \text{ 的解集为: } \left\{ y : \begin{array}{rcl} \mathbb{R} & \longrightarrow & \mathbb{K} \\ t & \mapsto & \lambda \exp(-\arctan(t)) \end{array} \;\middle|\; \lambda \in \mathbb{K} \right\}.$$

命题 4.2.8　在命题4.2.7的条件下,

(i) (E_H) 的解, 除零函数外, 在 I 上都恒不为零;

(ii) $\mathcal{S}_H = \{\lambda e^{-A}, \lambda \in \mathbb{K}\}$ 是一个 "一维向量空间" 或一条 "直线", 即 $\mathcal{S}_H$ 中的任意元素与 e^{-A} "成比例" 或 "共线".

注: 这是命题 4.2.7 的直接结论. 关于"向量空间"的概念我们将在《大学数学基础》中介绍. 这里解释一下结论 (ii) 的含义, 即:

(1) 对于任意 $y_1, y_2 \in \mathcal{S}_H$, 任意 $\lambda \in \mathbb{K}$, 有 $y_1 + y_2 \in \mathcal{S}_H$ 和 $\lambda y_1 \in \mathcal{S}_H$.

(2) $\mathcal{S}_H$ 中存在一个非零函数, 记作 y_0, 使得其中任意函数具有形式: λy_0 $(\lambda \in \mathbb{K})$.

4.2.4　常数变易法

现在, 我们考虑方程 $(E) : y' + a(t)y = b(t)$. 设 y_0 是 (E_H) 的一个非零解. 由 4.2.3 小节, 我们知道齐次方程 (E_H) 的解的形式是 λy_0 (其中 $\lambda \in \mathbb{K}$). 通过变换参数 λ, 我们试着寻找方程如下形式的解: $y : t \mapsto \lambda(t) y_0(t)$, 其中 λ 是一个可导函数.

由前述命题中的 (i), 我们知道, 对任意 $t \in I$, $y_0(t) \neq 0$; 因此在区间 I 上有

$$y = \lambda y_0 \iff \lambda = \frac{y}{y_0}.$$

从而, y 在 I 上可导当且仅当 λ 在 I 上可导. 若 y 在 I 上可导, 则在区间 I 上有

$$
\begin{aligned}
y\text{是 }(E)\text{ 的一个解} &\iff y' + ay = b \\
&\iff \lambda' y_0 + \lambda y_0' + a \times \lambda y_0 = b \\
&\iff \lambda' y_0 + \lambda \underbrace{(y_0' + a y_0)}_{0} = b \\
&\iff \lambda' y_0 = b \\
&\iff \lambda' = \frac{b}{y_0}.
\end{aligned}
$$

也就是说, 只要我们选择齐次方程 (E_H) 的一个非零解 y_0 和函数 $\dfrac{b}{y_0}$ 在 I 上的一个原函数 λ, 那么函数 λy_0 就是方程 (E) 在 I 上的一个特解. 我们有下面的定理.

定理 4.2.9 设 I 是一个非平凡的区间. 考虑微分方程 (E) : $y' + a(t)y = b(t)$, 其中 a 和 b 是 I 上的两个连续函数. 设 A 是 a 在 I 上的一个原函数, C 是 $t \mapsto b(t)e^{A(t)}$ 在 I 上的一个原函数, 则如下定义的函数 y_p 是 (E) 的一个特解:

$$\forall t \in I, \quad y_p(t) = C(t)e^{-A(t)}.$$

特别地, 如果 $t_0 \in I$, 则 (E) 的解集为

$$\mathcal{S} = \left\{ y : \begin{array}{l} I \longrightarrow \mathbb{K} \\ t \mapsto \left(\displaystyle\int_{t_0}^{t} b(x)e^{A(x)}\,\mathrm{d}x \right) e^{-A(t)} + \lambda e^{-A(t)} \end{array} \;\middle|\; \lambda \in \mathbb{K} \right\}.$$

证明:

在定理前面的分析中取 $y_0 = \exp(-A)$ 可得到前半部分的结论.
特别地, 如果 $t_0 \in I$, 那么函数 Φ : $t \mapsto \displaystyle\int_{t_0}^{t} b(x)e^{A(x)}\,\mathrm{d}x$ 是函数 $t \mapsto b(t)e^{A(t)}$ 在 I 上的一个原函数. 因此函数 $t \mapsto \left(\displaystyle\int_{t_0}^{t} b(x)e^{A(x)}\,\mathrm{d}x \right) e^{-A(t)}$ 是 (E) 在 I 上的一个特解. 我们已经知道与 (E) 相应的齐次方程的解集为 $\{\lambda e^{-A}, \lambda \in \mathbb{K}\}$.
由解的结构定理可得到后半部分结论. ⊠

注: 解一阶线性微分方程, 我们通常采取两步:

— 步骤 1 : 解相应的齐次方程.

— 步骤 2 : 寻找一个特解. 我们将通过接下来的几个例题来讲解寻找一个特解常用的几种方法.

例 4.2.4 考察一个由电阻器、电容器和恒定电压 E 串联的电路. 我们知道电压 u 满足微

分方程 $(E_1): RC\dfrac{\mathrm{d}u}{\mathrm{d}t} + u = E$.

令 $\tau = RC$, 则 $\tau \neq 0$, 所以求解 (E_1) 等价于求解 $\dfrac{\mathrm{d}u}{\mathrm{d}t} + \dfrac{u}{\tau} = \dfrac{E}{\tau}$.

— <u>相应齐次方程的解</u>

$t \mapsto \dfrac{1}{\tau}$ 在 $\mathbb{R}$ 上连续且 $t \mapsto \dfrac{t}{\tau}$ 是它在 $\mathbb{R}$ 上的一个原函数. 因此, $(E_{1,H})$ 的解集为

$$\mathcal{S}_{1,H} = \left\{ u : \begin{array}{c} \mathbb{R} \longrightarrow \mathbb{R} \\ t \mapsto \lambda \exp\left(-\dfrac{t}{\tau}\right) \end{array} \middle| \lambda \in \mathbb{R} \right\}.$$

— <u>寻求一个特解</u>

我们可以用常数变易法. 但是, 这里我们很容易找出一个明显解. 事实上, 注意到右端项是常值函数, 我们不难看出常值函数 $u_p = E$ 是该方程的一个解.

— <u>结论:</u> 电压函数 u 满足: 存在常数 λ, 使得 $\forall t \in [0, +\infty)$, $u(t) = E + \lambda e^{-\frac{t}{\tau}}$, 其中常数 λ 可以由初值条件确定.

例 4.2.5　考察微分方程 (E_2) : $y' - y = \cos(t)$.

解:　这是一阶预解形式的线性微分方程. 由于常值函数和余弦函数都在 $\mathbb{R}$ 上连续, 因此方程 (E_2) 在 $\mathbb{R}$ 上有解. 记 (E_2) 在 $\mathbb{R}$ 上全体解的集合为 $\mathcal{S}_2$.

<u>相应齐次方程的解</u>

(E_2) 的齐次方程为 $(E_{2,H})$: $y' = y$. 我们已经知道它的解集为

$$\mathcal{S}_{2,H} = \left\{ \begin{array}{ccc} \mathbb{R} & \longrightarrow & \mathbb{R} \\ t & \mapsto & \lambda e^t \end{array} \middle| \lambda \in \mathbb{R} \right\}.$$

<u>寻求一个特解</u>

下面我们分别介绍三种方法寻找特解.

— <u>*第一种方法: 常数变易法*</u>

应用常数变易法, 对任意的 $t \in \mathbb{R}$, 令 $y_p(t) = \lambda(t)e^t$, 其中 λ 是 $\mathbb{R}$ 上的一个可导函数. 那么, $y_p \in D^1(\mathbb{R})$. 我们有

$$\begin{aligned} y_p \in \mathcal{S}_2 &\iff \forall t \in \mathbb{R}, \lambda'(t)e^t = \cos(t) \\ &\iff \forall t \in \mathbb{R}, \lambda'(t) = e^{-t}\cos(t) \end{aligned}$$

$t \mapsto e^{-t}\cos(t) \in C^0(\mathbb{R})$, 并且函数 $t \mapsto \displaystyle\int_0^t e^{-x}\cos(x)\,\mathrm{d}x$ 是它在 $\mathbb{R}$ 上的一个原函数. 设 $t \in \mathbb{R}$. 令 $u: x \mapsto -e^{-x}$, 则 $u \in C^1(\mathbb{R})$, 且 $u': x \mapsto e^{-x}$. 又有 $\cos \in C^1(\mathbb{R})$, $\sin \in$

$C^1(\mathbb{R})$, 且 $\cos' = -\sin$, $\sin' = \cos$. 利用分部积分法可得

$$\begin{aligned}\int_0^t e^{-x}\cos(x)\,\mathrm{d}x &= \left[-e^{-x}\cos(x)\right]_0^t - \int_0^t (-e^{-x})(-\sin(x))\,\mathrm{d}x \\ &= \left[-e^{-x}\cos(x)\right]_0^t - \int_0^t e^{-x}\sin(x)\,\mathrm{d}x \\ &= -e^{-t}\cos(t) + 1 - \left(\left[-e^{-x}\sin(x)\right]_0^t - \int_0^t (-e^{-x})\cos(x)\,\mathrm{d}x\right) \\ &= -e^{-t}\cos(t) + 1 + e^{-t}\sin(t) - \int_0^t e^{-x}\cos(x)\,\mathrm{d}x.\end{aligned}$$

因此, $\displaystyle\int_0^t e^{-x}\cos(x)\,\mathrm{d}x = \frac{1}{2}\left(-e^{-t}\cos(t) + e^{-t}\sin(t) + 1\right)$.

取 $\lambda: t \mapsto \dfrac{e^{-t}}{2}(\sin(t) - \cos(t))$, 则 λ 是 $t \mapsto e^{-t}\cos(t)$ 在 $\mathbb{R}$ 上的一个原函数(因为相差一个常值函数仍然是一个原函数). 进而, 函数 $y_p: t \mapsto \lambda(t)e^t$, 也就是函数 $y_p: t \mapsto \dfrac{1}{2}(\sin(t) - \cos(t))$ 是 (E_2) 在 $\mathbb{R}$ 上的一个特解.

— *第二种方法: 利用复数*

考虑新方程: (F): $z' - z = e^{it}$. 因为方程(E_2)的系数都是实数, 如果我们找到 (F) 的一个特解 z_p, 那么 $\Re e(z_p)$ 是 (E_2) 的一个特解①.

注意到右端项 e^{it} 以及指数函数导数的特征, 现在我们尝试寻找方程 (F) 的形如 $t \mapsto ae^{it}$ (其中 $a \in \mathbb{C}$) 的特解. 设 z_p 是这样的一个函数, 则 z_p 在 $\mathbb{R}$ 上可导, 并且 $z_p': t \mapsto iae^{it}$, 从而有

$$\begin{aligned} z_p\text{是 } (F) \text{ 在 } \mathbb{R} \text{ 上的一个解} &\iff \forall t \in \mathbb{R},\ iae^{it} - ae^{it} = e^{it} \\ &\iff (i-1)a = 1 \\ &\iff a = \frac{1}{i-1} \\ &\iff a = \frac{-i-1}{2} \\ &\iff \forall t \in \mathbb{R},\ z_p(t) = \frac{-i-1}{2}e^{it}.\end{aligned}$$

对于 $t \in \mathbb{R}$, $\Re e(z_p(t)) = \Re e\left(-\dfrac{1+i}{2}e^{it}\right) = -\dfrac{1}{2}\cos(t) + \dfrac{1}{2}\sin(t)$.

所以函数 $y_p: t \mapsto \dfrac{1}{2}(\sin(t) - \cos(t))$ 是 (E_2) 在 $\mathbb{R}$ 上的一个特解.

① 注意! 这种方法之所以可行是方程 (E_2) 的系数都是实数, 从而有 $\Re e(z' - z) = (\Re e(z))' - \Re e(z)$!

— 第三种方法：找明显解

注意到方程的右端项是余弦函数, 根据三角函数导数的特征, 我们有理由尝试寻找形如 $t \mapsto a\cos(t) + b\sin(t)$ 的解. 设 y_p 是这样的一个函数, 其中 $a, b \in \mathbb{R}$ 待定, 则 $y_p \in D^1(\mathbb{R})$ 且对任意 $t \in \mathbb{R}$, $y_p'(t) = -a\sin(t) + b\cos(t)$. 我们有

$$\begin{aligned}
y_p \in \mathcal{S}_2 &\iff \forall t \in \mathbb{R},\ y_p'(t) - y_p(t) = \cos(t) \\
&\iff \forall t \in \mathbb{R},\ (-a\sin(t) + b\cos(t)) - (a\cos(t) + b\sin(t)) = \cos(t) \\
&\iff \forall t \in \mathbb{R},\ (a+b)\sin(t) + (1+a-b)\cos(t) = 0 \\
&\iff \begin{cases} a + b = 0 \\ 1 + a - b = 0 \end{cases} \\
&\iff \begin{cases} a = -\dfrac{1}{2} \\ b = \dfrac{1}{2} \end{cases} \\
&\iff \forall t \in \mathbb{R},\ y_p(t) = -\frac{1}{2}\cos(t) + \frac{1}{2}\sin(t).
\end{aligned}$$

因此, 函数 $y_p : t \mapsto -\dfrac{1}{2}\cos(t) + \dfrac{1}{2}\sin(t)$ 是 (E_2) 在 $\mathbb{R}$ 上的一个特解.

结论

$$(E_2) \text{ 的解集 } \mathcal{S}_2 = \left\{ \begin{array}{rcl} \mathbb{R} & \longrightarrow & \mathbb{R}, \\ t & \mapsto & \dfrac{1}{2}(\sin(t) - \cos(t)) + \lambda e^t \end{array} \middle|\ \lambda \in \mathbb{R} \right\}.$$

例 4.2.6　解方程 (E_3) : $y' + \dfrac{t}{1+t^2}y = \dfrac{1}{1+t^2}$.

解: 相应齐次方程的解

函数 $a : t \mapsto \dfrac{t}{1+t^2}$ 在 $\mathbb{R}$ 上连续且 $t \mapsto \displaystyle\int_0^t \frac{x}{1+x^2}\,\mathrm{d}x$ 是 a 在 $\mathbb{R}$ 上的一个原函数.

设 $t \in \mathbb{R}$, 有

$$\begin{aligned}
\int_0^t \frac{x}{1+x^2}\,\mathrm{d}x &= \frac{1}{2}\int_0^t \frac{1}{1+x^2}\cdot(2x)\,\mathrm{d}x \\
&= \frac{1}{2}\int_1^{1+t^2} \frac{1}{u}\,\mathrm{d}u \qquad \left(\begin{array}{l} \text{换元积分: } \varphi : x \mapsto 1 + x^2 \in \mathbb{C}^1(\mathbb{R}), \\ \varphi' : x \mapsto 2x;\ u \mapsto \dfrac{1}{u} \in \mathbb{C}^0(\mathbb{R}_+^*) \end{array}\right) \\
&= \frac{1}{2}\Big[\ln|u|\Big]_1^{1+t^2} \\
&= \frac{1}{2}\ln(1+t^2).
\end{aligned}$$

所以函数 $A:\ t\mapsto \dfrac{1}{2}\ln(1+t^2)$ 是 a 在 $\mathbb{R}$ 上的一个原函数. 因此, 齐次方程的解集

$$\mathcal{S}_H=\left\{\begin{array}{l}\mathbb{R}\longrightarrow\mathbb{R},\\ t\ \mapsto\ \lambda\exp\left(-\dfrac{1}{2}\ln(1+t^2)\right)\end{array}\ \middle|\ \lambda\in\mathbb{R}\right\}$$
$$=\left\{\begin{array}{l}\mathbb{R}\longrightarrow\mathbb{R},\\ t\ \mapsto\ \dfrac{\lambda}{\sqrt{1+t^2}}\end{array}\ \middle|\ \lambda\in\mathbb{R}\right\}.$$

寻求一个特解

记右端项函数为 b, 由定理4.2.9 我们知道只要 C 是 $t\mapsto b(t)e^{A(t)}=\dfrac{1}{\sqrt{1+t^2}}$ 在 $\mathbb{R}$ 上的一个原函数, 那么 $t\mapsto C(t)e^{-A(t)}=\dfrac{C(t)}{\sqrt{1+t^2}}$ 就是方程 (E_3) 的一个特解. 我们取 $C=\operatorname{Argsh}$, 则方程有一个特解 $(\mathbb{R},y_p)$ 满足

$$\forall t\in\mathbb{R},\ y_p(t)=\frac{\operatorname{Argsh}(t)}{\sqrt{1+t^2}}.$$

结论

$$\boxed{\text{方程 }(E_3)\text{ 的解集 }\mathcal{S}_3=\left\{\begin{array}{l}\mathbb{R}\longrightarrow\mathbb{R}\\ t\ \mapsto\ \dfrac{\operatorname{Argsh}(t)+\lambda}{\sqrt{1+t^2}}\end{array}\ \middle|\ \lambda\in\mathbb{R}\right\}.}$$

习题 4.2.7 解微分方程: $y'+xy=x^3$.

4.2.5 非预解形式的一阶方程举例

⚠ **注意:** 定理4.2.9是关于预解形式的微分方程. 而对于形如 $\alpha(t)y'+\beta(t)y=\gamma(t)$ 的非预解形式的微分方程, 我们只能在使得 α 恒不为零的区间上利用定理 4.2.9 解方程. 在这些区间上, 求解原方程等价于求解 $y'+\dfrac{\beta(t)}{\alpha(t)}y=\dfrac{\gamma(t)}{\alpha(t)}$. 然后我们再进一步考察原方程是否在更大的区间上存在解, 即确定完全解. 接下来我们通过一个例子来详细介绍解非预解形式的一阶线性微分方程的一般方法.

例 4.2.8 解方程 (E): $(1-x^2)y'-2xy=\sin(x)$.

解: 首先, 注意到 : $1-x^2=0$ 当且仅当 $x\in\{1,-1\}$. 因此, 尽管 (E) 在整个 $\mathbb{R}$ 上有定义, 但是我们不能在 $\mathbb{R}$ 上直接应用定理4.2.9. 我们必须先在使得 $1-x^2$ 不等于零的那些区间上解方程, 即分别在区间 $I_1=(-\infty,-1)$, $I_2=(-1,1)$ 和 $I_3=(1,+\infty)$ 上求解. 然后再确定方程在 $\mathbb{R}$ 上是否有解.

(E) 在使得 $1-x^2$ 不等于零的区间上的解

设 $k\in\{1,2,3\}$. 我们有

$$y \text{ 是 } (E) \text{ 在 } I_k \text{ 上的一个解} \iff y'+\frac{2x}{x^2-1}y=\frac{\sin(x)}{1-x^2},$$

记右端的方程为 (E'). 由于函数 $x\mapsto \dfrac{2x}{x^2-1}$ 和 $x\mapsto \dfrac{\sin(x)}{1-x^2}$ 都在 I_k 上连续, 所以方程 (E') 在 I_k 上有解. 下面我们在 I_k 上解方程 (E').

— 相应齐次方程的解

$x\mapsto \dfrac{2x}{x^2-1}$ 在 I_k 上连续且 $x\mapsto \ln|x^2-1|$ 是它在 I_k 上的一个原函数. 因此, (E') 的齐次方程 (E'_H) 在 I_k 上的任一解 y_0 满足: 存在 $\lambda_k\in\mathbb{R}$, 使得

$$\forall x\in I_k,\ y_0(x)=\lambda_k\exp\big(-\ln|x^2-1|\big)=\frac{\lambda_k}{|x^2-1|}.$$

此外, 函数 $x\mapsto x^2-1$ 在区间 I_k 上符号恒定(即恒正或恒负). 我们可以去掉绝对值符号, 把 x^2-1 的符号并入常数 λ_k 中. 也就是说, (E'_H) 在 I_k 上的任一解 y_0 满足: 存在 $\lambda_k\in\mathbb{R}$, 使得

$$\forall x\in I_k,\ y_0(x)=\frac{\lambda_k}{1-x^2}.$$

⚠ **注意:** 我们在解微分方程时出现的参数 λ 是依赖于解所在的区间的, 为此, 我们用带下标的 λ_k 注明该事实.

— 寻求一个特解 (应用常数变易法)

对于 $x\in I_k$, 令 $y_p(x)=\dfrac{\lambda_k(x)}{1-x^2}$, 其中 λ_k 是 I_k 上的一个可导函数, 则 $y_p\in D^1(I_k)$. 因此

$$\begin{aligned} y_p \text{ 是 } (E) \text{ 在 } I_k \text{ 上的一个解} &\iff \forall x\in I_k,\ \frac{\lambda_k'(x)}{1-x^2}=\frac{\sin(x)}{1-x^2}\\ &\iff \forall x\in I_k,\ \lambda_k'(x)=\sin(x). \end{aligned}$$

取 $\lambda_k=-\cos$, 所以, 如下定义的函数 y_p 是 (E) 在 I_k 上的一个特解:

$$\forall x\in I_k,\ y_p(x)=\frac{-\cos(x)}{1-x^2}.$$

— 结论: (E) 在 I_k 上的任一解 y_k 满足: 存在 $\lambda_k\in\mathbb{R}$, 使得

$$\forall x\in I_k,\ y_k(x)=\frac{\lambda_k-\cos(x)}{1-x^2}.$$

注: 注意到 $(1-x^2)y'(x)-2xy(x)=((x\mapsto 1-x^2)\,y)'(x)$. 因此, 一个函数 y 是 (E) 的一个解等价于存在常数 λ 使得 y 满足方程 $(1-x^2)y=-\cos(x)+\lambda$. 这个技巧可以使我们更快速地解该方程, 请读者自行练习.

确定 (E) 的完全解(即考察 (E) 在 $\mathbb{R}$ 上的解)

此处我们采用分析-综合法来寻找完全解, 即先分析一个函数 y 是 (E) 在 $\mathbb{R}$ 上的一个解必须要满足的条件(即必要条件), 再综合检验满足必要条件的所有函数中哪些是方程 (E) 在 $\mathbb{R}$ 上的解, 从而确定方程 (E) 在 $\mathbb{R}$ 上的所有解或者无解.

— 分析

假设 y 是 (E) 在 $\mathbb{R}$ 上的一个解, 则它在每个区间 I_k $(k\in\{1,2,3\})$ 上的限制是 (E) 在 I_k 上的一个解. 由前面的计算, 存在三个常数 λ_1, λ_2 和 λ_3 使得

$$\forall k\in\{1,2,3\},\ \forall x\in I_k, y(x)=\frac{\lambda_k-\cos(x)}{1-x^2}.$$

由假设, y 满足: $\forall x\in\mathbb{R}$, $(1-x^2)y'(x)-2xy(x)=\sin(x)$. 分别代入 $x=1$ 和 $x=-1$ 得 $y(1)=y(-1)=-\dfrac{\sin(1)}{2}$. 所以有

$$\forall x\in\mathbb{R},\ \ y(x)=\begin{cases}\dfrac{\lambda_1-\cos(x)}{1-x^2}, & x\in(-\infty,-1)\,,\\[2ex] -\dfrac{\sin(1)}{2}, & x=-1,\\[2ex] \dfrac{\lambda_2-\cos(x)}{1-x^2}, & x\in(-1,1)\,,\\[2ex] -\dfrac{\sin(1)}{2}, & x=1,\\[2ex] \dfrac{\lambda_3-\cos(x)}{1-x^2}, & x\in(1,+\infty)\,.\end{cases}$$

再由假设, y 在 $\mathbb{R}$ 上可导, 特别地, 在 1 和 -1 可导, 从而连续.

y 在 -1 左连续: $\lim\limits_{\substack{x\to-1\\x<-1}}\dfrac{\lambda_1-\cos(x)}{1-x^2}=-\dfrac{\sin(1)}{2}$; $\lim\limits_{\substack{x\to-1\\x<-1}}(1-x^2)=0$; 由极限乘法运算法则得: $\lim\limits_{\substack{x\to-1\\x<-1}}(\lambda_1-\cos(x))=0$. 另一方面 $\lim\limits_{\substack{x\to-1\\x<-1}}(\lambda_1-\cos(x))=\lambda_1-\cos(1)$. 所以得到: $\lambda_1=\cos(1)$.

用同样的方法, 利用 y 在 -1 的右连续以及在 1 的连续性可得到: $\lambda_2=\lambda_3=\cos(1)$.

这样我们就证明了, 如果一个函数 y 是 (E) 在 $\mathbb{R}$ 上的一个解, 那么 y 必须满足

$$\forall x \in \mathbb{R},\ \ y(x) = \begin{cases} \dfrac{\cos(1)-\cos(x)}{1-x^2}, & x \in \mathbb{R}\backslash\{1,-1\}, \\ -\dfrac{\sin(1)}{2}, & x \in \{1,-1\}. \end{cases} \tag{$*$}$$

— 综合

设 y 是定义在 $\mathbb{R}$ 上的一个函数满足 $(*)$. 我们希望确定 y 是否在 $\mathbb{R}$ 上可导且满足方程 (E). 首先, 由前面的讨论, y 显然分别在区间 $(-\infty,-1)$, $(-1,1)$ 和 $(1,+\infty)$ 上可导且在 $\mathbb{R}$ 上满足方程 (E). 下面我们研究 y 在 1 和 -1 的可导性.

设 x 是任意实数且 $|x| \neq 1$. 那么

$$y(x) = \frac{\cos(1)-\cos(x)}{(1-x)(1+x)} = -\frac{1}{2} \times \frac{\sin\left(\dfrac{x-1}{2}\right)}{\dfrac{x-1}{2}} \times \frac{\sin\left(\dfrac{x+1}{2}\right)}{\dfrac{x+1}{2}}.$$

定义函数 φ 满足

$$\forall x \in \mathbb{R}, \varphi(x) = \begin{cases} \dfrac{\sin(x)}{x}, & x \neq 0, \\ 1, & x = 0. \end{cases}$$

不难验证, 对任意 $x \in \mathbb{R}$, $y(x) = -\dfrac{1}{2}\varphi\left(\dfrac{x-1}{2}\right) \times \varphi\left(\dfrac{x+1}{2}\right)$.

易见 φ 在 $\mathbb{R}^* = \mathbb{R}\backslash\{0\}$ 上可导. 因此, 根据复合函数求导法则, 若要证明 y 在 1 和 -1 可导, 只需证明 φ 在 0 处可导. 此证明留作练习[①].

结论:

我们证明了微分方程 (E) 在 $\mathbb{R}$ 上有且仅有一个解 y 满足

$$\forall x \in \mathbb{R}, y(x) = \begin{cases} \dfrac{\cos(1)-\cos(x)}{1-x^2}, & x \in \mathbb{R} \setminus \{1,-1\}, \\ -\dfrac{\sin(1)}{2}, & x \in \{1,-1\}. \end{cases}$$

① 提示: 先证明对任意 $x \geqslant 0$, $x - \dfrac{x^3}{6} \leqslant \sin(x) \leqslant x$, 再利用该不等式证明结论.

☞ **此例的重要启示**

(1) 应用定理 4.2.9 我们知道预解形式的一阶微分方程有无穷多解；但是通过例4.2.8了解到, 非预解形式方程的解的情况我们不能直接断言.

(2) 在解非预解形式方程的过程中, 在使得 α (y' 的系数) 不等于零的那些区间上解方程时, 解中的参数通常依赖于解所在的区间.

(3) 接下来的事情非常重要: 确定方程在整个区间上的解(即完全解)时，我们先分析出所有涉及的参数所满足的条件, 即给出一个函数是方程完全解的必要条件, 然后再综合检验所有满足必要条件的函数是否可导以及是否满足微分方程.

(4) 与预解形式微分方程的求解相比, 非预解形式微分方程的求解往往需要更多的分析与计算.

4.2.6 初值问题: 解的存在唯一性

定理 4.2.10 考虑微分方程 $(E): y'+a(t)y=b(t)$, 其中 a 和 b 是非平凡区间 I 上的两个连续函数. 设 $t_0\in I$, $y_0\in\mathbb{K}$. 那么, 方程 (E) 有且仅有一个解满足初值条件 $y(t_0)=y_0$. 这个解 y 由下面的性质确定

$$\forall t\in I,\quad y(t)=\left(y_0+\int_{t_0}^{t} b(x)e^{\int_{t_0}^{x} a(s)\,\mathrm{d}s}\,\mathrm{d}x\right)e^{-\int_{t_0}^{t} a(x)\,\mathrm{d}x}.$$

证明:

由于 a 和 b 都在 I 上连续, 根据定理4.2.9 得方程 (E) 在 I 上有解.

选择 a 在 I 上的一个原函数 $A:\ t\mapsto\displaystyle\int_{t_0}^{t} a(x)\,\mathrm{d}x$, 其中 $t_0\in I$. 设 y 是 (E) 在 I 上的一个解. 那么存在一个常数 $\lambda\in\mathbb{K}$ 使得

$$\forall t\in I,\quad y(t)=\left(\int_{t_0}^{t} b(x)e^{A(x)}\,\mathrm{d}x\right)e^{-A(t)}+\lambda e^{-A(t)}.$$

我们有

$$\begin{aligned} y(t_0)=y_0 &\iff \left(\int_{t_0}^{t_0} b(x)e^{A(x)}\,\mathrm{d}x\right)e^{-A(t_0)}+\lambda e^{-A(t_0)}=y_0\\ &\iff \lambda=y_0. \end{aligned}$$

这就证明了满足初值条件 $y(t_0)=y_0$ 的解是唯一的, 并且这个解 y 满足

$$\forall t\in I,\quad y(t)=\left(y_0+\int_{t_0}^{t} b(x)e^{\int_{t_0}^{x} a(s)\,\mathrm{d}s}\,\mathrm{d}x\right)e^{-\int_{t_0}^{t} a(x)\,\mathrm{d}x}.$$

⊠

4.3 二阶线性常系数微分方程

4.3.1 定义与解集的构成

定义 4.3.1 我们将具有如下形式的微分方程称为二阶线性常系数微分方程：

$$(E): \quad ay'' + by' + cy = f(t),$$

其中 a, b, c 是 $\mathbb{K}$ 中的三个常数, $a \neq 0$, f 是一个已知函数.

命题 4.3.2 二阶线性常系数微分方程是线性的.

证明:

对于任意二阶可导函数 y 令 $\varphi(y) = ay'' + by' + cy$, 则 (E) 等价于 $\varphi(y) = f$.
下面我们证明 φ 是一个线性映射.
设 y_1, y_2 是任意两个二阶可导的函数, λ, μ 是 $\mathbb{K}$ 中任意两个常数, 则

$$\begin{aligned}\varphi(\lambda y_1 + \mu y_2) &= a(\lambda y_1 + \mu y_2)'' + b(\lambda y_1 + \mu y_2)' + c(\lambda y_1 + \mu y_2)\\ &= a(\lambda y_1'' + \mu y_2'') + b(\lambda y_1' + \mu y_2') + c(\lambda y_1 + \mu y_2)\\ &= \lambda(ay_1'' + by_1' + cy_1) + \mu(ay_2'' + by_2' + cy_2)\\ &= \lambda\varphi(y_1) + \mu\varphi(y_2).\end{aligned}$$

这就证明了 φ 是一个线性映射. 从而, (E) 是一个线性微分方程. ⊠

我们可以看到, 一阶线性微分方程解集的构成和叠加原理的证明都不依赖于方程的阶数, 只用到了方程的线性性. 因此, 对于二阶线性微分方程(甚至一般的线性微分方程)也有这样的结论.

定理 4.3.3 设 (E)： $\varphi(y) = b$ 是一个线性微分方程, y_p 是 (E) 的一个特解. 那么, y 是 (E) 的一个解当且仅当 $y - y_p$ 是齐次方程 (E_H)： $\varphi(y) = 0$ 的一个解. 也就是说, 令 $\mathcal{S}$ 和 $\mathcal{S}_H$ 分别是 (E) 和 (E_H) 的解集, 则

$$\mathcal{S} = y_p + \mathcal{S}_H.$$

命题 4.3.4 (叠加原理) 设 φ 是一个线性映射, b_1 和 b_2 是两个函数, y_1 是 $\varphi(y)=b_1$ 的一个解, y_2 是 $\varphi(y)=b_2$ 的一个解. 我们有

(i) y_1+y_2 是 $\varphi(y)=b_1+b_2$ 的一个解;

(ii) 对任意的 $\lambda\in\mathbb{K}$, λy_1 是 $\varphi(y)=\lambda b_1$ 的一个解.

与一阶线性方程相同, 为求解二阶线性常系数微分方程, 我们需要解相应的齐次方程和寻求一个特解.

4.3.2 齐次方程的解

考察齐次方程

$$(E_H):\ ay''+by'+cy=0,$$

其中 $a,b,c\in\mathbb{K}$.

我们知道, 一阶线性常系数微分方程相应的齐次方程的解是指数函数. 我们还知道指数函数 $t\mapsto\exp(at)(a\in\mathbb{K})$ 的导数与自身 "成比例". 因此, 我们有理由尝试寻求齐次方程 (E_H) 的形如 $F_\lambda: x\mapsto e^{\lambda x}(\ \lambda\in\mathbb{K})$ 的解.

设 $\lambda\in\mathbb{K}$. 函数 F_λ 在 $\mathbb{R}$ 上是至少两阶可导的, $F_\lambda'=\lambda F_\lambda$, $F_\lambda''=\lambda^2F_\lambda$. 因此

$$\begin{aligned}F_\lambda \text{ 是 } (E_H) \text{ 在 } \mathbb{R} \text{ 上的一个解} &\iff aF_\lambda''+bF_\lambda'+cF_\lambda=0\\ &\iff a\lambda^2F_\lambda+b\lambda F_\lambda+cF_\lambda=0\\ &\iff F_\lambda\times(a\lambda^2+b\lambda+c)=0.\end{aligned}$$

注意到 F_λ 恒不等于零, 我们有

$$F_\lambda \text{ 是 } (E_H) \text{ 在 } \mathbb{R} \text{ 上的一个解} \iff a\lambda^2+b\lambda+c=0.$$

定义 4.3.5 我们称 $a\lambda^2+b\lambda+c=0$ 是微分方程 $(E):\ ay''+by'+cy=f(t)$ (或齐次方程 $(E_H):\ ay''+by'+cy=0$) 的*特征方程*; 称特征方程的解为*特征值*.

由前面的计算, 我们可以看出, F_λ 是 (E_H) 的一个解当且仅当 λ 是特征值. 我们知道复系数二次方程在复数域 $\mathbb{C}$ 中的解的情况有两种; 特别地, 当系数全为实数且判别式严格小于零时, 方程在 $\mathbb{R}$ 中无解, 但在 $\mathbb{C}$ 中有两个互为共轭的解. 因此, 我们根据特征方程解的不同情况分别给出微分方程 (E_H) 的解集.

定理 4.3.6　设微分方程 (E_H) : $ay''+by'+cy=0$, 其中 $a,b,c\in\mathbb{K}$ 且 $a\neq 0$. 那么该方程有解, 且所有的最大解都定义在 $\mathbb{R}$ 上. 其解集 S_H 是 $\mathbb{K}$ 上的二维向量空间或向量平面. 根据其特征方程的解的情况分三种情形考虑 :

— 情形 1 : 在 $\mathbb{K}$ 中有两个不同的特征值 λ_1 和 λ_2

在此情形下, (E_H) 的任意一个解都可以唯一地表示为: $y=\alpha F_{\lambda_1}+\beta F_{\lambda_2}$, 即

$$\mathcal{S}_H=\left\{\begin{array}{l}\mathbb{R}\longrightarrow\mathbb{K},\\ \quad t\ \mapsto\ \alpha e^{\lambda_1 t}+\beta e^{\lambda_2 t},\end{array}\quad(\alpha,\beta)\in\mathbb{K}^2\right\}.$$

— 情形 2 : 在 $\mathbb{K}$ 中有唯一的特征值 λ

在此情形下, (E_H) 的任意一个解都可以唯一地表示为: $y=\alpha G_\lambda+\beta F_\lambda$, 其中 $G_\lambda:\ t\mapsto te^{\lambda t}$, 即

$$\mathcal{S}_H=\left\{\begin{array}{l}\mathbb{R}\longrightarrow\mathbb{K},\\ \quad t\ \mapsto\ (\alpha t+\beta)e^{\lambda t},\end{array}\quad(\alpha,\beta)\in\mathbb{K}^2\right\}.$$

— 情形 3 : $\mathbb{K}=\mathbb{R}$ 且无实特征值

在此情形下, 方程有两个互为共轭的复特征值, 记其中一个为 $\lambda=\alpha+i\beta$ $((\alpha,\beta)\in\mathbb{R}^2)$, 则 (E_H) 的任意一个实值函数解都可以唯一地表示为 : $y=Ay_1+By_2$, 其中 A,B 是两个实数, $y_1:t\mapsto e^{\alpha t}\cos(\beta t)$ 和 $y_2:t\mapsto e^{\alpha t}\sin(\beta t)$, 即

$$\mathcal{S}_H=\left\{\begin{array}{l}\mathbb{R}\longrightarrow\mathbb{R},\\ \quad t\ \mapsto\ e^{\alpha t}(A\cos(\beta t)+B\sin(\beta t)),\end{array}\quad(A,B)\in\mathbb{R}^2\right\}.$$

注 1: 关于向量空间的理论我们将在后续课程中学习, 此处只简单解释“S_H 是 $\mathbb{K}$ 上的二维向量空间”的含义 :

(1) 对任意 $y_1,y_2\in\mathcal{S}_H$, 有 $y_1+y_2\in\mathcal{S}_H$;

(2) 对任意 $y\in\mathcal{S}_H$ 和任意 $\lambda\in\mathbb{K}$, 有 $\lambda y\in\mathcal{S}_H$;

(3) 在 $\mathcal{S}_H$ 中存在两个“不共线”(或“不成比例”)的函数, 记作 y_1 和 y_2, 对任意 $y\in\mathcal{S}_H$, 存在 $\alpha,\beta\in\mathbb{K}$, 使得 $y=\alpha y_1+\beta y_2$.

注 2: 关于 S_H 是 $\mathbb{K}$ 上的向量空间, 我们很容易由方程的线性性得到. 至于为什么是“二维的”, 暂时先不证明, 我们会在后续课程中给出一般的证明.

注 3: 在练习中, 当没有特别要求时, 我们根据方程的系数 a,b,c 的值来判定 $\mathbb{K}$ 取 $\mathbb{R}$ 还是 $\mathbb{C}$. 具体地讲, 若 a,b,c 全为实数, 我们取 $\mathbb{K}=\mathbb{R}$, 即求实值函数解, 此时有三种情形; 若 a,b,c 中有一个为非实数, 我们取 $\mathbb{K}=\mathbb{C}$, 即求复值函数解, 此时有两种情形.

例 4.3.1 解方程 (E_1) : $y''+y'-2y=0$.

解: (E_1) 的特征方程为 $\lambda^2+\lambda-2=0$. 判别式 $\Delta=1^2-4\times(-2)=9>0$. 由求根公式得方程有两个不同的特征值 $\lambda_1=1$ 和 $\lambda_2=-2$. 因此

$$(E_1)\text{的解集 } \mathcal{S}_{1,H}=\left\{\begin{array}{l}\mathbb{R}\longrightarrow\mathbb{R},\\ t\mapsto \alpha e^t+\beta e^{-2t},\end{array}\ (\alpha,\beta)\in\mathbb{R}^2\right\}.$$

例 4.3.2 解方程 (E_2) : $y''+y'+2y=0$.

解: (E_2) 的特征方程为 $\lambda^2+\lambda+2=0$. 判别式 $\Delta=1^2-4\times2=-7<0$. 此时 $\lambda=-\frac{1}{2}+i\frac{\sqrt{7}}{2}$ 是一个复特征值. 因此

$$(E_2)\text{的解集 } \mathcal{S}_{2,H}=\left\{\begin{array}{l}\mathbb{R}\longrightarrow\mathbb{R},\\ t\mapsto e^{-\frac{1}{2}t}\left(A\cos\left(\frac{\sqrt{7}}{2}t\right)+B\sin\left(\frac{\sqrt{7}}{2}t\right)\right),\end{array}\ (\alpha,\beta)\in\mathbb{R}^2\right\}.$$

例 4.3.3 解方程 (E_3) : $y''-2y'+y=0$.

解: (E_3) 的特征方程为 $\lambda^2-2\lambda+1=0$. 判别式 $\Delta=(-2)^2-4\times1=0$. 由求根公式得方程有唯一的特征值 $\lambda=1$. 因此

$$(E_3)\text{的解集 } \mathcal{S}_{3,H}=\left\{\begin{array}{l}\mathbb{R}\longrightarrow\mathbb{R},\\ t\mapsto (\alpha t+\beta)e^t,\end{array}\ (\alpha,\beta)\in\mathbb{R}^2\right\}.$$

例 4.3.4 解方程 (E_4) : $y''-3y'+(3-i)y=0$.

解: 这是一个复系数方程, 我们求复值函数解.

(E_4) 的特征方程为 $\lambda^2-3\lambda+(3-i)=0$. 判别式 $\Delta=(-3)^2-4\times(3-i)=-3+4i$. 设 $(x,y)\in\mathbb{R}^2$, 则有

$$\begin{aligned}(x+iy)^2=-3+4i &\iff \left\{\begin{array}{l}x^2+y^2=|-3+4i|=5\\ x^2-y^2=\Re e(-3+4i)=-3\\ 2xy=\Im m(-3+4i)=4\end{array}\right.\\ &\iff \left\{\begin{array}{l}x^2=1\\ y^2=4\\ 2xy=4\quad(\text{说明 } x \text{ 与 } y \text{ 同号})\end{array}\right.\\ &\iff (x,y)\in\{(1,2),(-1,-2)\}.\end{aligned}$$

所以 $\delta = 1+2i$ 是 Δ 的一个平方根. 由求根公式得方程有两个不同的特征值: $\lambda_1 = 2+i$ 和 $\lambda_2 = 1-i$. 因此

$$(E_4)\text{的解集 } \mathcal{S}_{4,H} = \left\{ \begin{array}{l} \mathbb{R} \longrightarrow \mathbb{C}, \\ t \mapsto \alpha e^{(2+i)t} + \beta e^{(1-i)t}, \end{array} (\alpha, \beta) \in \mathbb{C}^2 \right\}.$$

习题 4.3.5　下面的两个方程在物理学中非常重要和常见, 例如, 研究钟摆振动.

设 $\omega \in \mathbb{R}$. 求解:

1. $y'' + \omega^2 y = 0$,
2. $y'' - \omega^2 y = 0$.

4.3.3　右端项为指数函数与多项式函数之积时特解的寻求

命题 4.3.7　设微分方程 $(E): ay'' + by' + cy = P(t)e^{\alpha t}$, 其中 $a, b, c \in \mathbb{K}$ 且 $a \neq 0$, P 是一个 $\mathbb{K}$ 系数多项式函数, $\alpha \in \mathbb{K}$. 记 $\Delta = b^2 - 4ac$. 那么, 我们分三种情形考虑得到方程 (E) 分别有如下形式的特解 y_p :

— 情形 1 : α 不是特征值

$$y_p : \begin{array}{l} \mathbb{R} \to \mathbb{K}, \\ t \mapsto Q(t)e^{\alpha t}, \end{array} \quad \text{其中 } Q \text{ 是一个多项式函数且 } \deg Q = \deg P;$$

— 情形 2 : α 是特征值且判别式 $\Delta \neq 0$

$$y_p : \begin{array}{l} \mathbb{R} \to \mathbb{K}, \\ t \mapsto tQ(t)e^{\alpha t}, \end{array} \quad \text{其中 } Q \text{ 是一个多项式函数且 } \deg Q = \deg P;$$

— 情形 3 : α 是特征值且判别式 $\Delta = 0$

$$y_p : \begin{array}{l} \mathbb{R} \to \mathbb{K}, \\ t \mapsto t^2Q(t)e^{\alpha t}, \end{array} \quad \text{其中 } Q \text{ 是一个多项式函数且 } \deg Q = \deg P.$$

注: 我们先承认此结论, 待我们学习线性代数后再证明.

习题 4.3.6　解微分方程 : $y'' - 2y' - 3y = \operatorname{ch}(t) + t^2 + 2t$.

注: 对于二阶线性常系数微分方程, 当 $\mathbb{K} = \mathbb{R}$ (即系数都是实数) 且右端项是实系数多项式函数 P 与余(或正)弦函数 $t \mapsto \cos(\alpha t)$ (或 $t \mapsto \sin(\alpha t)$)(其中 $\alpha \in \mathbb{R}$) 的乘积时, 我们仍可以利用命题 4.3.7 寻求特解, 即先确定右端项为 $P(t)e^{i\alpha t}$ 的复值函数特解, 再取实部(或虚部), 从而得到右端项为 $P(t)\cos(\alpha t)$ (或 $P(t)\sin(\alpha t)$) 的实值函数特解, 如下例.

例 4.3.7 考虑

$$(E):\ y''-4y=\cos(t).$$

我们希望确定 (E) 的一个特解. 为此, 考虑

$$(F):\ z''-4z=e^{it}.$$

注意到除了右端项外方程的系数都是实数. 如果 z 是 (F) 的一个解, 令 $y=\Re e(z)$, 那么 y 满足方程 $y''-4y=\cos(t)$. 事实上, 设 $z=y+iq$ (y, q 是两个实值函数), 则 $z'=y'+iq'$, $z''=y''+iq''$. 所以, $\Re e(z''-4z)=\Re e((y''-4y)+i(q''-4q))=y''-4y$.

此外, 容易看出 i 不是方程 (E) 或 (F) 的特征值, 所以 (F) 有形如 $z_p:\ t\mapsto Q(t)e^{it}$ 的特解, 其中 Q 是一个零阶多项式函数 (因为 (F) 的右端项 $e^{it}=1\cdot e^{it}$, 即 "$P=1$", 所以 "$\deg Q=\deg P=0$"), 即常值函数. 设函数 $z_p:\ \begin{array}{l}\mathbb{R}\longrightarrow\mathbb{C}\\ t\ \mapsto\ ae^{it}\end{array}$ (其中 $a\in\mathbb{C}$). 我们有, z_p 在 $\mathbb{R}$ 上二阶可导,$z_p'':\ t\mapsto ai^2e^{it}$, 从而有

$$\begin{aligned}z_p\text{ 是 }(F)\text{ 在 }\mathbb{R}\text{ 上的一个解}&\iff \forall t\in\mathbb{R},\ ai^2e^{it}-4ae^{it}=e^{it}\\&\iff -5a=1\\&\iff a=-\frac{1}{5}.\end{aligned}$$

所以, 函数 $z_p:\ t\mapsto -\frac{1}{5}e^{it}$ 是 (F) 的一个特解, 从而如下定义的实值函数 y_p 是方程 (E) 的一个特解：

$$\forall t\in\mathbb{R}, y_p(t)=\Re e\left(-\frac{1}{5}e^{it}\right)=-\frac{1}{5}\cos(t).$$

习题 4.3.8 找出微分方程 $(E):\ y''-4y'+5y=e^t\cos(2t)$ 的一个特解.

4.3.4 初值问题：解的存在唯一性

定理 4.3.8 考虑微分方程 $(E):\ ay''+by'+cy=f(t)$, 其中 $a,b,c\in\mathbb{K}$ 且 $a\neq 0$, f 是非平凡区间 I 上的一个连续函数. 设 $t_0\in I$, y_0,y_1 是 $\mathbb{K}$ 中两个常数, 则方程 (E) 在 I 上有且仅有一个解满足初值条件 $y(t_0)=y_0$ 和 $y'(t_0)=y_1$.

注: 我们在此承认这个结论, 不作证明.

例 4.3.9 确定 $(E):\ y''+4y=\cos(t)$ 满足 $y(0)=0$ 和 $y'(0)=1$ 的解.

解:

— 步骤 1: 相应齐次方程的解
(E) 的特征方程为 $\lambda^2+4=0$, 它没有实数解, $2i$ 是它的一个复数解, 因此 (E_H) : $y''+4y=0$ 的解集为

$$\mathcal{S}_H=\left\{y_H:\begin{array}{l}\mathbb{R}\longrightarrow\mathbb{R},\\ t\mapsto A\cos(2t)+B\sin(2t),\end{array}(A,B)\in\mathbb{R}^2\right\}.$$

— 步骤 2: 找一个特解
考虑 $(F): z''+4z=e^{it}$. 我们知道, i 不是特征值. 因此, 我们设 $z_p: t\mapsto ae^{it}$ 是 (F) 的一个特解, 其中 $a\in\mathbb{C}$ 待定. 则 z_p 在 $\mathbb{R}$ 上二阶可导, $z_p'': t\mapsto ai^2e^{it}$, 并且有

$$\begin{aligned}z_p\text{ 是 }(F)\text{ 在 }\mathbb{R}\text{ 上的一个解}&\iff\forall t\in\mathbb{R},\ ai^2e^{it}+4ae^{it}=e^{it}\\&\iff\forall t\in\mathbb{R},\ 3ae^{it}=e^{it}\\&\iff 3a=1\\&\iff a=\frac{1}{3}.\end{aligned}$$

因此, $z_p: t\mapsto\frac{1}{3}e^{it}$ 是 (F) 的一个特解, 从而满足下面性质的函数 y_p 是方程 (E) 的一个特解

$$\forall t\in\mathbb{R},\ y_p(t)=\Re e(z_p(t))=\frac{1}{3}\cos(t).$$

— 步骤3 : (E) 的解
由解的结构定理得, 方程 (E) 的解集为

$$\mathcal{S}=\left\{y:\begin{array}{l}\mathbb{R}\longrightarrow\mathbb{R},\\ t\mapsto\frac{1}{3}\cos(t)+A\cos(2t)+B\sin(2t),\end{array}(A,B)\in\mathbb{R}^2\right\}.$$

— 步骤 4: 满足初值条件的解
设 y 是 (E) 的一个解, 则存在 $(A,B)\in\mathbb{R}^2$, 使得

$$\forall t\in\mathbb{R}, y(t)=\frac{1}{3}\cos(t)+A\cos(2t)+B\sin(2t).$$

从而 $y\in D^1(\mathbb{R})$, 并且

$$\forall t\in\mathbb{R}, y'(t)=-\frac{1}{3}\sin(t)-2A\sin(2t)+2B\cos(2t).$$

因此有

$$\begin{cases} y(0)=0 \\ y'(0)=1 \end{cases} \iff \begin{cases} \dfrac{1}{3}+A=0 \\ 2B=1 \end{cases} \iff \begin{cases} A=-\dfrac{1}{3}, \\ B=\dfrac{1}{2}. \end{cases}$$

所以, 方程 (E) 满足 $y(0)=0$ 和 $y'(0)=1$ 的解存在且唯一, 这个解 y 满足

$$\boxed{\forall t\in\mathbb{R},\ y(t)=\frac{1}{3}(\cos(t)-\cos(2t))+\frac{1}{2}\sin(2t).}$$

注: 在物理学中, 为了实际问题的需要, 经常把形如 $y:\ t\mapsto e^{\alpha t}\,(a\cos(\beta t)+b\sin(\beta t))$ (其中 $(a,b)\neq(0,0)$) 的解写成

$$y:\ t\mapsto A\,e^{\alpha t}\cos(\beta t+\varphi),$$

其中 $A=|\,a-ib\,|$, φ 是 $a-ib$ 的一个辐角. 事实上, 对于实数 a,b,β,t, 我们有

$$\begin{aligned} a\cos(\beta t)+b\sin(\beta t) &= \Re e\,((a-ib)(\cos(\beta t)+i\sin(\beta t))) \\ &= \Re e\left(Ae^{i\varphi}\cdot e^{i\beta t}\right) \\ &= \Re e\left(Ae^{i(\beta t+\varphi)}\right) \\ &= A\cos(\beta t+\varphi). \end{aligned}$$

索　　引

J

K

L

M

Q

S

T

X

Y

Z

其他